自驱练习

艾莉森王 —— 著

我的工作便是煽风点火地为所有人的梦想燃起一道微光。

—— 艾莉森王

天津出版传媒集团

天津人民出版社

图书在版编目（CIP）数据

自驱练习：打开成长的内在动机 / 艾莉森王著 . --
天津：天津人民出版社，2022.6
ISBN 978-7-201-18204-9

Ⅰ . ①自… Ⅱ . ①艾… Ⅲ . ①女性－成功心理－通俗
读物 Ⅳ . ① B848.4-49

中国版本图书馆 CIP 数据核字（2022）第 029669 号

自驱练习：打开成长的内在动机
ZIQU LIANXI : DAKAI CHENGZHANG DE NEIZAI DONGJI

出　　版	天津人民出版社
出 版 人	刘　庆
地　　址	天津市和平区西康路 35 号康岳大厦
邮政编码	300051
邮购电话	（022）23332469
电子邮箱	reader@tjrmcbs.com

责任编辑	王昊静
策划编辑	村　上　牛宏岩
封面设计	YooRich Studio

印　　刷	北京昊鼎佳印刷科技有限公司
经　　销	新华书店
开　　本	880 毫米 ×1230 毫米　　1/32
印　　张	6.5
字　　数	130 千字
版次印次	2022 年 6 月第 1 版　　2022 年 6 月第 1 次印刷
定　　价	42.00 元

鱼和熊掌可兼得

"你是做什么工作的呢？"当我在布达佩斯的废墟酒吧点第二杯啤酒的时候，这是一夜间第三次直面这个我并不能用一个词或是一句话就能说明白的问题。我曾是一名记者，协助制作纪录片；我也曾混迹于音乐公司做过市场，跑演出，管门票，盖手印，害羞地与摇滚乐队贝斯手击掌收场，半夜三点收工，在计程车上和司机探讨人生意义；我还曾是一名新东方英语教师，在魔都的盛夏，穿梭于三四个不同的校区，每次的行程加起来会有一百来千米。

现在的我是做什么工作的？这个问题太难回答了。至少从二十六岁起，我决定此生都不会用一个职业来定义我自己。后来，我要么坐在沙滩上花一个小时办公，要么在夜间巴士上写作，或者是一边喝姜茶一边做排版，不然就是在高山徒步时来一场电话会议，在晨跑结束后的海边录制海浪的原音，这些都是我的工作。要命的是，我根本无法计算出自己工作的时间是多少，如果说以售卖时间为单位来计算收入的话，那么我甚至可以这样做一份账目：工作时长为零。对于我来说，我做的这一切根本就不是世俗意义上的工作，而是将一种内化的求知欲与好奇心，转化为对生活的一束热情之光。

我一边抿着杯口的啤酒泡沫，一边喜笑颜开地回答："我是一名数字游民。"一般还会补充上一个简短的说明："我一边工作，一边旅居世界。"

在英语的语境"What do you do for a living"中，对于询问者来说这个答案并不能叫人满意，"做什么工作"的含义包含"你是以什么方式谋生的"，一旦追问到这个份上，起初我总是会语塞，我不知道该怎样向对方解释，因为我在日常所花的大部分时间，包括旅行、阅读、做瑜伽、去森林跑步，与我赚钱的方式看似息息相关，但又毫无关联呢！更叫人诧异的是，自从我不以出售时间为赚钱的主要手段而工作以后，我的"月薪"反而远远高于在上海"稳定工作"时所能获得的，当然这只是一个理想的画面，毕竟躺在咸湿沙滩上应付热浪的工作环境还是不如写字楼里简洁干净的大桌面与舒适的工作椅。

三个月后，当我在雅典卫城山脚下的一家民风小酒馆和音乐人举起乌佐酒（希腊国酒）欢庆时，他们再次问我："你为什么要在雅典住一个月呢？"我嬉笑着回答："因为一个月以后我要去格鲁吉亚。"

其实后来我并没有去格鲁吉亚，就现在的生活来说，我无法确定自己一个月以后会在哪里出现，那要看交通、季节，再就是要看心情。心之所向，便是身之所往。理论上来说，自从实现了这种旅居的生活方式以后，我无休无止地探访，感受永远年轻，永远热泪盈眶。

有人好奇我是不是赚到了人生中的第一桶金，才敢有这样放肆的胆量与野心。我的第一个想法是这与钱有什么关系？虽然在某种程度上来说，一个人的生活方式决定了他需要赚多少金钱，不过一旦我们有能力确认自己的渴望来自内心，而不是受社会所营造的潮流所影响，那么，即使存款数字少了几个零，我们仍然可以过得像骄傲的王者一样，健康、积极又富有活力。我的口袋里可没有上千万的存款，在我看来，真正的成功就是双眼发光，快乐和幸福就是面对生活的时候，充满活力。

旅居不是自由的代名词，而是追求自由的一种选择。我在旅居的路途中遇见了那么多拥有鲜活的生活态度的人，他们有的年轻多金，有的才貌双全，还有的如江湖侠客。他们一次次地向我证明生活不止拥有一种可能性，人生也不是在买得起与买不起之间选择。

这本书就是为了向你讲述我寻找"最适合"的那一段征程的。从如何打破不满意的生活，醒来察觉周遭，重组规则，创造规则，到如何过上令人满意、感到自由的生活，成为真正内心强大也随时可以拥抱脆弱的独立者。

这不是一碗励志鸡汤，我对讲道理毫无兴趣，也对事后硬塞的合理化科学解释存有戒心。是的，我确实会借助一些心理学、脑科学的知识来说明认知，还会和你详聊自己的瑜伽内省经验，这只是一个个人探索的故事，这一切都不过是从"创造自己"开始的。如果你也有认识自我的希冀，那么，把它当作是一场与你的对话吧。终究，我们都不过是想要以自己的方式尽量过好这一生，不是吗？

最后，让我来回答一下我的工作是什么。

2018年年底，我独身前往印度学习瑜伽，坐在瑞诗凯诗的瑜伽学校阳台上，敲下回顾这一年的文字，夕阳打在脸上，也映照着我在世界游荡的第四个月。

自从跳出生活的舒适圈，我感到格外平静。看着远山中夹杂着浑浊不清的余晖，我向自己承诺，接下来的生活里我将是强大的、专注的、充满活力的。

我的工作便是"煽风点火"，为所有人的梦想燃起一道微光。你想要的生活应该就趁现在去创造。成年人的生活不如童年畅快，不如青春肆意，却有成长独特的沉淀和自己掌控的自由，而我想送给你的，是通往自我自由的一段旅程。

从现在开始，请按照自己喜欢的方式酣畅淋漓地度过一生。

目录
CONTENTS

打开成长的内在动机

第一章 CHAPTER ①

余生第一课 掌控感

清澈的三十岁

我害怕过三十岁的到来，倒不是对自然衰老的恐惧，而是缘于那虚无缥缈的失去感与成家立业的追逐感。这一年岁好像代表了一瞬间就会遗失青春的痕迹，除了那用之不竭的体力与肌肤的修复能力，还有被丢在一旁的倔强孤傲。在亲自经历时间以后，我才发现，原来三十岁竟然这么棒。

不得不说，三十岁以后的自己多了一些经济的基础，有了更明晰的自知之明，那种天下舍我其谁的不自量力渐渐隐退，取而代之的是自知的谦逊、自爱的光芒、自省的清澈与自信的力量。

二十五岁以后，我每一次吹熄生日蛋糕的蜡烛都会徒增措手不及的恐慌，亲眼看着岁月蹉跎却又无能为力。我二十七岁这一年，是我生命里过得最为动荡、走得最为艰难的一段时光。我在科技与生活质

量的大幅提升下感到迷茫、无助、无知，甚至无望。糟糕的是我以为
自己是孤身奋战，而坠入无尽的孤独。两年后的冬天，我在印度度过
二十九岁的生日，借着周日的休息时间，在日记里写下这样一句话：
"生命中遇到的每一个困境都是一个隐藏的恩赐。"

　　如果没有过那样的剧烈疼痛，我恐怕也不会有机会在这里讲述后
来发生的事情。我感谢那段绝望的经历，毕竟没有灰心丧气，就不会
带来改变的决绝与勇气。在一步步走出泥潭、拍掉灰尘的时候，我收
获了一种前所未有的轻盈与生命力，变得强大，感到无所畏惧。

　　跌入谷底的痛苦给了我想要挣脱的念头，哪怕当时力量薄弱，
我也瞥见过希望。在艰难的攀爬过程中，我又一次找到了那种对生命
的好奇心，并且挣脱了维持近二十几年的物质束缚，也认真地踏遍所
到之处。后来，我用两年的时间，慢行旅居十四个国家，四十来座城
市。我仔细聆听新老朋友的声音，抚慰他们的悲伤，庆祝他们的胜
利。我不断挑战自己，在生活里扩充舒适圈的容量。在我三十岁生日
当天，先生领我来到德国南部的黑森林里，在青黑色松树环绕的森林
深处，唱着生日快乐歌的时候，我热泪盈眶地想：我才三十岁吗？

　　我在很长的一段时间里都浑然不知地过着一种随波逐流的生活，
希望我接下来的分享可以为你生活的某处阴影点亮一丝光芒。

动荡的后青春期

小孩子对父母有爱，有依赖，还有数不尽的尊敬与崇拜，至少我小时候是把爸爸妈妈当作超级英雄来看待的。只是在某个学校休息日的下午，当我偶然撞见在卧室抽泣的妈妈时，童年的幻想瞬间瓦解。我记得自己去摸了摸妈妈的脸颊，确认一下这真的是眼泪吗，然后我紧紧地抱住她。平日里妈妈的怀抱总是暖洋洋的，那天我才发现，原来妈妈和我这个孩子一样也是会哭的。成年人不总是刀枪不入、八面威风的英雄豪杰。

后来我长大成人，在二十七岁时感到难过、孤独，那是很长一段可以被冠以抑郁之名的时期。我也曾自恋地以为这是属于我自己的脆弱，是我在成长的某一步缺失了某个关键的环节。那时候的自己不知道，原来很多人只是不懂得如何求救，不代表他们的内心没有悲伤。

你有没有发现，不知是从什么时候起，我们竟然不敢不快乐了。没有人是孤身一人慢慢变成大人的，我们可以一同经历青春，一同感受狂喜，却要孤身体会失去，独自面对那令人措手不及的成年生活。我走过许多地方，身边有过儿时的玩伴、青春期的战友、一个个闺蜜死党，还有许多缘分短暂的灵魂伴侣，有友谊也有爱情。正式工作以后，我第一次搬出集体宿舍，在上海静安寺附近住进属于自己的二十来平米的合租房。在某一个无法道明心情的郁闷午后，我滑动手机，却找不到一个想要倾诉的对象。

我当时对自己第一份要坐在办公室里的工作非常不适应，朋友们则都好像顺利步入了职场，进入了成年人的世界。他们看起来都那么游刃有余，举重若轻，只有我还不想长大。那是微信朋友圈鼎盛的时代，我想找个朋友聊一聊，随手一翻，满眼都是快乐与成就的分享，就我呆若木鸡地站在原地。接着，我默默地把手机推到一边，第一次把苦楚留在了自己的床铺，就此进入了后青春的时代。

或者这样说吧，在二十三四岁的时候，我就给自己暗设了一条定理：即使我不快乐，也不是因为生活，而是因为感情。在很长一段时间里，尤其是在我和我先生的感情稳定下来以前的所有时日，我都擅自将自我的生活推到了一边，把喜怒哀乐都捆绑在感情世界里。自我实现与事业，还无法触及我的情绪，没想到，这恰恰是给自己埋下了一颗威力巨大的定时炸弹。说到底我不过是不敢证明自己。

二十四岁以上三十岁以下的人们，看起来都太像个大人了，穿高跟鞋，画眼妆，打领带，从学生进入下一个角色。我们需要即刻就承担起社会强加的角色：市民、老板、员工、父母。表面上看，别人的生活都井然有序，我可不敢在这种时候承认自己追不上。

阵痛里有光亮

所谓三十而立，最字面的解析就是三十岁成家立业为优。如果到了三十岁还一事无成，没车没房，无儿无女，就是妥妥的人生输家。孔子一定没想到三十而立会被误解得如此深刻，甚至造成了某种程度上的集体焦虑。

首先，孔子的一句"吾十有五而志于学，三十而立，四十而不惑"，是描述其自身发展的路径。再者，三十而立的"立"，理应对照"立于礼"，而不是什么"站立起来，成家立业"。即使是按照常识来看，也大致可以猜到孔子口中的"立"，应该是指人到了一定的年龄，经由世事的打磨，懂得世间的礼节，并且心中有仁。最为关键的应该是，对待生活的价值观已经形成，道德学问的根基也扎实了，人既懂得爱自己，也明晰应承担的社会责任。当然，这是比世俗的成家立业要更为稳定也更具有挑战的自我发展。如果一不小心去追求表面的成家立业之稳定，由金钱与数不尽的外物与自身建立关系，那才是真正地落入陷阱。毕竟，身外物与即时的快乐，最多不过是将你与自身的距离拉得更开了。

二十几岁时，我想通过取悦他人、讨好全世界来获得爱。我穿时尚的衣裳，去流行的餐厅，还假装自己很酷，只听小众又独立的音乐。如果可以，我多么希望自己可以长得更好看一些，性格更外向一些，学历再高一些，好像只有这样，才能获得他人的关注、他人的爱。

不得不说，二十几岁真的很辛苦。这时恰值青春最好的时光，年轻人浑身上下充满了活力，对世界好奇之余，却不太能够确定自己究竟是谁，在生命里又处于什么样的位置。我们需要先找到养活自己的方法，才有真正找到或是创造自己的可能性。从前我以为三十岁好远好远，那是个属于所谓成年人的配置参数，有着与其相匹配的生活进度条。三十岁的人好像可以顺理成章地成家立业，还懂得韬光养晦，多了几分世故，也长了几分智慧。只是当我来到三十岁的时刻，虽说我还是觉得它好远好远，只是这一次，它遥远得不像是一个可以描述自我的年龄，它愈发抽象，不是属于形容我的一个标签。

2019年的夏天，我在雅典小住了一个月，和几个姑娘约着去听希腊民谣，来自土耳其二十三岁的爱莎开玩笑说除了她，大家都是年长者。这个女孩总是充满了活力，朝气蓬勃的同时又残留了年轻人所独有的悲伤与烦躁，她当然是在拿我们取乐，开一场玩笑。我和英国女孩杰西卡靠在椅背上面面相觑，我说："比起二十岁出头时的不安和浮夸，我更喜欢二十岁生活的后半场呢！"杰西卡朝我点点头表示同意。"我迫不及待地等着听你接下来几年将要犯的错和受的伤啦！"为了圆上爱莎的玩笑，我也毒舌了一次，期待她的狂野青春。同时，我还是回到了杰西卡的那一个点头，就在那一瞬，我看穿了她曾经历过的阵痛，我们通过双方的表情便成了莫逆之交。

我们每个人都经历过也将继续感受成长的痛，只是大家的节奏有所不同罢了，如果你在二十岁出头就结束了阵痛，我很为你感到欣喜。只不过，我遇到了许多人，他们在四五十岁，甚至七八十岁时，也没能结束阵痛，尽管如此，我还是想向所有人保证：别担心，阵痛里有光亮。

一举拿下三个艾美奖的英剧《伦敦生活》中，女主角和同事有过一段这样的对话："你多少岁？"女主角问。"五十八，你呢？""三十三。"同事先发出一个长叹的"噢"，接着才说："别担心，都会慢慢好起来的。"

［自我觉醒］

重塑生活

我小时候很喜欢逃课，大概是到四年级的时候，才突然接受了"我是学生，我应该在学校"的事实。那是我第一次自主决定整个学期都不缺堂，班主任甚至在期末成绩册的评语里这样写道："老师发现你长大了，懂事了。"

现在仔细想想后来的人生，我大概就是在十来岁起闭上了眼睛，毫无保留，毫无疑问，完整地将自己融进社会的期望里去的。我去学校，每天做无聊的试题，背古文，除了用心完成期末考试，根本无心投入对任何一个学科的热爱。我变成了一个普通的青少年，喜欢偶像，也喜欢高年级的男孩，梦想是考大学——细节倒是没有多想，就连专业都没考虑过，考个好大学就是了。

进入大学以后，也只是在大四时突然想起来我还需要一份工作，于是我把热情投给新闻，干脆进修研究生，想要成为那个可以改变世界的人，直到我发现坐在办公室里的自己有点儿不对劲。于是，我再一次萌发了如七八岁时那种想要逃跑的冲动。

记得在我二十四岁的时候，有一天是想给彼时还是男友的他一个惊喜。当天打电话给我们喜欢的四家上海餐厅都被接连告知座位已订满，从来没有下过厨的我，自作主张在家烧了一桌子难吃也难看的饭菜，结果是搞得厨房一团乱，我也因为压力过大而垂头丧气地在饭桌前坐着，哭笑不得。

他推门回家的时候被眼前的景象吓了一跳，问我怎么了。我一边大声哼着哭腔一边止不住地大笑，说着："我没订到餐厅，我把情人节给搞砸了。"他倒好，捧腹大笑起来，说："谁告诉你我们的情人节是二月十四号呀？"我立刻明白了他的意思，也是从那天起，我再也没有加入到大家通常说的消费游戏中。

无论是西方情人节还是东方的七夕，文化典故自然源长又绮丽，但是，现代社会将这类节日，无论是情人节还是圣诞节都一并施法变成了消费主义的盛宴，甚至一对伴侣还莫名其妙地与鲜花和巧克力相联。

直到今天，无论是什么节日，我与老公都会尽量避免互赠礼物，尤其是送实体礼物。那种为了特定节日而购买礼物的行为，至少在我们看来，是没有必要的。比起大买特买，收到包包或是口红，我更稀罕2018年的9月12号——一个毫不起眼的日子，那时我们刚到马来西亚的海岛上开始旅居生活——他工作回来路过森林，给我摘的一束野花。在克罗地亚共度我们真正的纪念日时，靠在他的膝盖上看着平静的大海，我对他说："谢谢你送我的钻石。"他一脸问号。我指着被正午的阳光晒得闪闪放光的海面笑着说："这就是你送我的钻石，是太阳和大海一起做的。"

无论是哪个国家的孩子，尽管文化思维略有不同，教育方式在表面上看起来也大相径庭，然而实际上最终对成人生活的理解都是一致的——赚钱养家，实现自我价值。

虽然人的这一生获得财富的方法不计其数，但是我们最为熟悉，尤其是对于通过上大学而获得学历的人来说，挣钱最可靠的方式就是去上班。至于什么是好大学，什么是好工作，自然又是一整套他者留下的游戏规则，有名的最好，赚钱最多的当然也是最好的，这与现今的生活方式不谋而合。

现代人吃喝玩乐花样繁多，兴致之至，艺术也是消遣，更甚，艺术本身就成了一种奢侈品消费，更无需多言短视频、社交网络这毒瘤般的存在了。人们上班努力挣钱，是为了让自己与家人过得体面，但是何为体面却不经自己思考，看似生活自由，实际完全受制于广告、社会、他人的影响。

我在二十四岁以前好吃懒做，花大量的时间看电影，消遣娱乐，在每学期的期末集中精力备考，然后什么也没有留下。我不知道自己是谁，能做什么，想要什么，但是似乎我的父母、我的老师，甚至我的同伴都很清楚我们的角色，以及应该做些什么，于是我只是埋着头一步步地跟着走下去，毕竟知道自己想要什么很难，但是迎合他人、让他人喜欢我们倒是很简单。

在我寻找到最适合自己的生活方式以前，常常有长辈苦口婆心地劝说：长大了，要现实一点儿。要现实一点儿我可没听进去，但毕业初期，在按时打卡上下班的第二个月，我便感到不耐烦，甚至感到绝望。

当然，别误会，我可不认为自由的前提就是辞职。自由还是顺从都有自身的代价，比起拥有自由时间的工作方式，上班族或者公务员当然不是错误或者劣等的选择。经济学里有一个权衡的概念，有得就必有失。我们要讨论的话题并不是朝九晚五、贷款买房是不是不好，也不是说数字游民、自由工作就是最优解。绝对不是！这里的话题本身应该是：如何可以有效并满意地度过一生？与有钱还是没钱就更没什么关系了。那么，无论是上班族还是自由族，都一定是有所取舍的，在这个话题之下，真正让我成年以后第一次产生一种窒息感的事情只是：多少人，包括我自己，在很长一段时间里都不假思索地过着没有经过辨别就随波逐流的生活，这种生活让我感到迷茫。

在过去的这几年，我把我做的事业叫"醒awake"，只是想提醒自己，要醒过来生活，有意识地选择，仅此而已。

主动成长

那时我二十八岁，三月初春，闹钟仍然在5点20分响起，这是我此生第一次不再为早起而挣扎的一段时日。我迫不及待地睁开眼睛，划过闹钟，在黑暗里最先感觉到双脚尖的触地，然后来到厨房为晨曦的临近沏上一壶茶——是叔叔带来的沉淀了十来年的普洱茶饼，茶汤醇厚浓郁。我光着脚坐在厨房的餐桌前，天色仍然笼罩在一片无可言喻的沉寂里，我也没有像往常那样滑动手机，只是双手捧着茶杯，获得延伸至身体深处的暖意。听见先生从浴室出来的脚步声，我便给每天比我还要早起的他也盛上一杯普洱茶，两人相对而坐，茶水的声音与温度占满了空间，轻轻入口，滋味香馥意暖，我满意地笑了起来。这时，先生起身，轻巧地拨开我两颊的发丝，带着玩笑又宠溺的神情问："你怎么那么开心？"

这个问题才让我回想起来，在好长的一段时间里，自己曾是多么地不快乐。事实上，就在一年前的同一时期，我还经历着可怕的焦虑躁郁症结，常常失眠至天明，对人生的无常感到迷茫又无助，甚至爆发过多次毫无理由的大哭，就连自己也惊慌失措，不明就里。

学业结束初入社会却发现那些留在校园里的点滴成就，根本无法证明自己的价值。我这个普通人，就准备这样普普通通地度过一生，却根本不清楚生活究竟是什么。是社会对我的期望？是父母对我的担忧？还是有另一种选择？我不知所措，每天都好像是踩在沙漠上，每前进一步，就下陷得越深，直到浑身上下都动弹不得，也不知道如何呼救。

我感到悲伤的同时，内心还充斥着满载的无聊，起初我以为这就是成长的代价，是作为大人必须要承受的苦难，待疼痛散尽，便可以安然地回归正常的生活。可惜的是，我根本不知道该如何向他人描述我那长达一年的苦楚，只好把情绪全盘托付给朝夕相处的伴侣，把关系弄得一团糟，却在面对父母的追问时，掩盖生活全部的不如意，把灰心留给自己，直到被伪装、迷茫、失落撕扯成了另一副模样。

我嫁给了爱情，也对幸福失望过；我搬到了梦想的欧洲，也曾不适应；我做着执迷的工作，也曾失败过，轻声啜泣、号啕大哭，到咬牙切齿、暴跳如雷。伤心、难过、惭愧、生气、愤怒、绝望、恐惧与无奈，它们有一阵子就住在我的思绪里，挥之不去，主导着日常心情的起伏。

这些年来，我也曾憎恨过自己的肤色，于是买了一瓶又一瓶允诺能给我光泽的隔离液，却发现偏干的肌肤只是看起来更糟糕而已；我也长期经受发量少的折磨，所以除了下定决心要去烫头发，是不会踏入发廊半步的，总是害怕理发师一次又一次地提醒我头发的稀疏；我在恋爱的时候也情不自禁地就把幸福的掌控权交给了对方，在脑海里写下了模糊的爱情剧本，他应该如何对我，应该对我说怎样的话，如果他没有浪漫的桥段，那我就会立马变脸伤心欲绝，可是如果他离开了我，那我便只是孤身一人，毫无支撑下去的气力。我也曾以力量示人，也信口开河说过自己坚强，却被成年人的生活杀得片甲不留。我脆弱又渺小，无奈又无助。

只是，我难过的时候也会喝酒吃夜宵小龙虾，无聊的时候就去商场购物一次买全套，如此的放肆，谁敢说我不爱自己吗？那么，既然那么懂得爱护自己，照顾自己，为什么搞得一团糟，而且那么地不快乐呢？

成长这件事，其实也是需要刻意练习的，这是学习与世界和解、与自我言和的一段旅途，听起来似乎是陈词滥调的心灵鸡汤，然而真正做起来竟然可以体会其中的通透与达观。从前我以为我很爱自己，没想到却错得离谱，爱自己不是任性妄为，放荡不羁，爱自己的寸毫体现，都刚好落在我们是如何度过日常生活这一简单的行径。保持爱最长情的方式不是自我纵容，而是懂得延后满足，甚至是持守孤独，这一切不仅可以在心理学、哲学的领域获得真知，还有脑神经学与基础生物学的强强联合，让我们追根溯源。

在学校的时候，我在很多行业实习过，做过笔译、口译、外语频道的记者，拍摄纪录片，管理上海时装周后台，在音乐公司做市场，为独立艺人办演出，也承接过陪詹妮弗·洛佩兹的前男友与舞团逛街的奇妙任务。

研究生毕业的时候，我二十四岁。毕业后的第一份工作是在外滩中心颇具上海地标性特征的一幢写字楼里，从远处就可以轻易看到楼顶似菠萝似莲花的装饰，窗外还可以看见黄浦江来往的船只与岸边过往的游客。起初那种亢奋的心情渐渐被每日重复性的事务消磨殆尽，直到我被好心的同事嘱咐，千万不要在组长离开办公室以前自行下班，我看着时钟划过下班的时间，那种读书时的逆反心理汹涌翻腾起来，久久难以平复。

那个深冬的清晨，我就这样在上海福州路穿梭，做着一份号称朝九晚六，其实朝九晚九的办公室工作，每天上班路上都重复播放着一首歌曲：

"Cause it's a bittersweet symphony, this life. Trying to make ends meet, you're a slave to the money then you die."

"生活就像一首甘苦交响曲。为了生计，你成了金钱的奴隶，然后死去。"

这是英伦摇滚乐队the verve的名曲，虽说这是一首伴随了我整个大学时代的歌，但是我每天清晨在通勤公交上的无限循环又赋予了它新的意义。我明明是一无所有的毕业生，这些歌词却给我一次思考自身与金钱关系的机会。在面对自己的人生时，我始终不同意工作只是为了赚钱这一要义。

我认为过好人生的根基是把持健康、财富与智慧。但是对我来说，改变自己更刻不容缓。而如何正确地改变或者说升级自己，这仍然值得探索。

去上班的途中又加快了一些脚步，在穿过红绿灯的时候，我就明白了，这不是我未来的生活方式。这是我第一次明晰地说不，那时虽然充满了难以言述的复杂心情，却是真正认识自己的一个开端。只是那时的我还不知道接下来的第三年，我将惧怕夜晚，无法入睡，也更逃避日光，无法进入社会。

辞职以后，我兼职做起了英语写作老师。我喜欢单纯地与学生打交道，更喜欢和这些年轻气盛的孩子们讨论形而上的话题。

我很早以前就知道，赚很多的钱不是人生幸福的答案，于是，我利用自己手上仅有的技能，尝试做一些事情：在微信上教授英文课。其实，这件事情我现在仍然在做，只要手头有时间就会收下好些真正有心学好英语的学生。有趣的是：教书与翻译都是一样的，只要努力去做，就会有非常多的人口口相传，所以到后期，我甚至没有时间接手更多学生了。

在网络上做英语教师便顺理成章地成了我的第一任"自由职业"。这件事情于我来说是一份极大的挑战，我需要把自己一个人当作是一个团队，写教材、录课程、市场宣传、广告制作、售后服务，包括讲课都是我自己，前期可以说只有几个学生而已，收入骤降的同时还打击了自信心。而且不知道碍于什么不可言说的面子，我还非常不愿意对外公布我在做的这件事情，甚至是发个朋友圈宣传一下，也觉得是为了"销售"亵渎了些什么，所以尽管渐渐做到了以英语课程养活自己，但是它来得太过缓慢，太过迟疑。

从我第一次开始失眠的那天我就知道，这样不行，在网上教英语虽然说可以养活自己，但是离能做出点什么来还差得太遥远了，我需要改变。于是就发生了那一件重大的转折——我开始在家自学瑜伽。说实话，并不是说瑜伽就有什么惊人的功效，回过头来我恰恰发现，只是因为我决定去做些什么，真正地付诸行动，并且在失败的一瞬选择了坚持，才改变了自己。于是，我决定把自己的经历记录下来，并且分享出去。是的，我把它当作我的工作，我的使命。这些记录不是由漂亮言辞构成的心灵鸡汤，而是我一脚一步跨越过的经历。

与此同时，我也第一次开始尝试自行生产产品，对我来说，一块小小的瑜伽垫彻底改变了我的生活，我愿意让它成为我的代名词。有了瑜伽垫的经验，我开始考虑同样是可以满足于自身需要的衣物。我的想法是不生产过量的产品，只在满足功能的前提下进行设计，比起售卖低廉、大批量生产还每季更新，又经不起时间考验的服装，我更希望可以给市场提供一份高质量、低价格、符合环保使用标准与极简主义的选择。后来我还用了一整年的时间，自己设计生产黑色的瑜伽裤与白色的运动内衣，在来回测试面料的每一次，有惊慌有失望，有兴奋当然也有畏惧。我还从来没有一个人完完全全地要去为一样产品负责，直到我在试用新拿到的一匹布料时，我反复掀开服帖在腹部的高腰内里，决定采用这种布料之后，又突然萌发了一个念头：不如在这里留下一个小暗号？留下一句让大家看了会充满斗志，每当泄气的时候都会振作的激励短句？从我分享写作开始，这一切都是从"爱自己"开始的。学会爱护自己，了解自己，温柔善待自己，才是余生的

第一课。我们如果不静下来思考自己是否真的懂得如何爱自己，就不可能找到内心的平静，获得持久的幸福，于是，我便悄悄地印制了一个暗语：love yourself（爱你自己）。

我从新闻系毕业，曾经希望可以通过新闻做出一些改变；我曾经也很讨厌生产垃圾的人、虐待动物的人。等我真正进入了媒体行业以后思维方式却改变了。为了找回生活的平衡，我走上了另一个极端，那便是：什么也不做。但是认识我的先生以后，他让我从前那种无所谓、事不关己的态度彻底发生了转变。我发现，总有一群人在默默地拯救着被残害的海豚；总有一些人在拾起地上的垃圾；也总有一些人辛勤劳动，成了世界各地的志愿者。是啊，这些人的力量好像微不足道，但是每一次想起有这样一些人在做着这些事情时，我的心里就会流过一阵暖流。所以我想说，我在乎，我关心。正是因为关心自己，没有放弃自己，我才又开始了健身的日常，才努力想要保持身体健康，充满活力。

事情是这样进展的，我开始写文章，开设自己的店铺，做产品，管理库存，售后，甚至把控生产的细节。我发现自己走上了一条比以前在公司上班还要忙碌的道路，也终于发现，原来那时我的一切痛苦与迷茫都与上班这件事情无关。我讨厌的其实不是朝九晚五，也不是在公司里做事情，我始终无法和解的只是为一件我并不心存信念的东西而假装忙碌。现在我随时随地都在工作，哪怕只是一张瑜伽垫、一条瑜伽裤、几篇自我提升的文章，都是我的宝贝，是我一点一滴做出来的东西。

我需要的物品也不是很多，一切都刚刚好在这个平衡点上。如果一定要说有什么野心，那大概便是持之以恒地把生活过成自己想要的样子吧！我听说："可以支配的时间，就是财富的本身。"我还听说："我们的一生到头来最后悔的事情都不是那些曾做过的傻事，而是那些从没做过的事。"于是我决定要将我所学到的最能帮助我们过好这一生的道理一步一步地全部分享出来，做一个有用的人。

二十九岁那年我这样描述生活的状态：来到了二十岁的尾声，我却过得不急不慢，没想过存钱买房，养育生子。村上春树二十九岁开始写作，我快到二十九岁才醒悟，这真是一个发现并感知生命的好时光，我刚好成熟了一些，又刚好还保有一腔热血。

真正的爱自己，不是享受安逸，而是有一个让自己双眼放光的理由。

认可悲伤

成年人对生活的不满往往不是来源于压力、攀比和欲望，而是失去了年少时敢于向他人求助的勇气。

过去我在写作的时候，曾多次将我在二十七岁那年所感受到的无助与悲伤称为"抑郁"，如今我可以更加明晰地看见它存在的必要性，也更多地把它称为迷茫，而不是抑郁病症，不过，当时体验的那种痛楚并不会因为今天我的释怀而得到任何的缓解。

与其冠以抑郁症的名称，不如我们换一个表达：我不过是在生命的某一个阶段里感到了无能为力。

每一个人的成长经历都是喜忧参半的，如果我们因为自己是一个大人就不敢表达那些萦绕在生活中的苦楚、悲伤与脆弱，那么，成年人的生活必将困难重重。这整本书就是想和你们分享我是如何变成一个内心强大的人的，但是，你要知道，我也曾和你一样脆弱。

2019年的深冬，我从印度学完瑜伽，前往下一个旅居目的地——布达佩斯。

那是土耳其当地时间下午五点，距离我上次安稳地睡一觉已经有三十五个小时了，我抬头看了看机场的时间，距下一班飞往西欧的飞机还有十九个小时。事情是这样的，从印度回欧洲，我在伊斯坦布尔转机时竟然错过了下一个班机。我本来有两个小时转机的空隙，无需照看行李，无需办理登机牌，只需要跟着人群前行即可完成的事情，竟然失败了。

误了转乘飞机的后果是：用翻倍的价格再买一张机票；在机场过夜到第二天中午；接机的朋友在柏林机场将扑一场空；因为土耳其不是申根国①，我没有签证不能出境取行李，只能等待邮寄；在正值冬季的欧洲没有御寒的衣物；连续五十多个小时未洗澡与睡整觉。

———

① 申根国：根据申根协定，成员国公民可在协定成员国范围内自由旅行，在边境不必出示身份证。外国人只要获得协定成员国中任何一国的签证，即可享受同样待遇。

事情应该不会更糟了吧，我想。

不一会儿，一名地勤工作人员拍拍我的肩膀说："不好意思，新的航班要登机，请准备好证件至场外排队。"我不得不从那个好不容易寻得的充电宝座位上无声地离开。再次在慌乱中找到座位坐下来时，我笑出了声，这种窘迫感真的是太好笑了。拿出电脑，我开始敲击键盘。

"错过班机以后莫名获得了二十多个小时的时间，可以做许多事情，如果要问这五个月来的游民生活给我带来的最大收获，那大概便是无畏任何长途交通出行，伴随飞机的轰鸣、汽车的颠簸、火车的开动，我看过最多的书，听过最多的播客，遇见过最有趣的谈话，也与自己相处并独自思考了最多次。"

就在这时，我发现自己的心情并没有被因为自己的愚蠢而犯下的错给轻易牵动起来。我安静地等待——充满了享受地在等待。

凌晨五点时，登机室里只有零星几个和我一样睡机场的旅行者，我拉伸拉伸身体，顺势在窗前做起了瑜伽。在此之前，我一直都无法将自己与强大这个词画上等号，但是就在过去的这一年来，我学会每当遇见困难，每当生活递给我一颗柠檬的时候，也能积极地、不顾一切地沿着这条广漠道路披荆斩棘地勇往直前，一言不发地动用一些令我可以坚强下去的工具。

坚强的意义在于当生活不再容易的时候，我们有足够多的勇气与力量，游刃有余地去面对，并且拥有一整套完备的思维方式，支撑自已前行！这个小插曲并不惊心动魄，也没有什么深刻的教育意义，只是它于我来说是一次觉醒的机会。那是我第一次发现自己不再完全受制于外界事件或是环境的偏转，开始有了自我意识，不再盲目地作出反应。

[**自我管理**]

自律的神话

在2017年冬末的某一个傍晚，我突发奇想，准备第二天早上试试看能否早起。

来年三月的最后一天，闹钟在六点十五分响起，是我精心挑选的一首曲子，柔和但是轻快，还伴有一点儿积极向上的乐谱节奏。像亲身经历了魔法一般，早起不再是那么痛苦的事了，甚至在按掉闹钟后我无比期盼一天的开始，因为每天在上班以前的这两个半小时是完完全全属于我自己的时间，迫不及待的心情就好像情窦初开时与情人约会前的雀跃。

我们大多数人都是被动长大的，学生时代的我们按照学校的作息生活，工作以后我们按照职场的规则生活。早起这件事情尽管简单，但是它不仅给予了我们更多高质量的时间，还给了我们让自己赋能的机会，让我们对生活当中再平常不过的日常保持一种掌控感，同时也赠予自己最宝贵的独处时间。

掌控感是心理学家公认的一种基础安全需要。对人生感到无力，甚至灰心丧气，通常是因为我们认为自己对生活失去了控制。而通过把握起床的时间，以及获取属于自己的时间，来取得一种对生活的掌控感，这才是早起这一行为真正的妙处。

在2020年春末的一个傍晚，天气不冷不热，我双臂挥舞，脚尖先落在温软的泥土地上，穿过绿意盎然的森林大地，脚底树叶发出的响声与喘气节拍相互呼应。低头看看运动手环，上面显示我刚刚跑过十千米，这让我有一点儿难以置信。我感到自己还可以继续奔跑，好像还可以跑很久很久。

那是我第一次独自跑过十五千米的一天，是尝试慢跑的第四个月，难以想象中学时跑八百米就几乎断气的自己居然有朝一日体会到了长跑的乐趣。最后五十米朝家走去时步伐依旧轻盈，我整个人都膨胀了，自信心大增，有那么几个瞬间还以为自己终于变成了曾经最想要成为的那种人——自律的人。也是在那莫名的自大轻狂时刻，我多了一丝惭愧。因为我深知自己不是一个自律的人，我的本性还是贪图玩乐，只是后来我找到了比吃喝玩乐更有趣的事。

人脑自始至终都是一个趋利避害的系统，虽然它只占人体总体重的百分之二，但在我们什么也不做的时候，耗能却可以高达百分之二十到百分之二十五，那也难怪它总是情不自禁地引导我们去做那些轻松的事情，从思考到生活，都以简化为目标，以舒适为方向。正因如此，自律的生活方式，可能恰好是对抗舒适带来的无力感最为有效且回报率最高的行为。

而且，自律之路可能不是你所想象的那样充满艰难险阻，更不是一次次拒绝诱惑的道德感提升与健身房教练的厉声斥责，真正具有可持续性的坚持，本质上都来源于对自己的善意。

2018年的12月，我只身前往印度学瑜伽，在北方喜马拉雅山脉脚下被恒河一分为二的小镇瑞诗凯诗停留了一个多月。每天五点十五分准时醒来，我会迫不及待地品味一杯早茶，在闹钟响起以前刷牙，麻利地套上卫衣，给瑜伽裤外面再穿一条运动裤，搓搓手取点暖意，在十二月深冬的日出以前，不紧不慢地来到学校一楼的厨房，与同伴们轻快地道早安。瑜伽学校里从周一至周六每天都排满了课程，来自五湖四海的十六名瑜伽学生全身心地投入，要将一切有关瑜伽的知识纳入囊中。

在学习瑜伽以前，我每周坚持练习瑜伽至少六天，非但无需我给自己打气，也无需任何导师的监督，我不过是诚心实意地乐在其中罢了。正如那些孜孜不倦的优秀学生，那些健康地追求美与力量的模特，他们都是在默默地坚持着做自己喜欢做的事。

在印度学习，起初的一切都充满了神秘，我们的好奇心抵消了清规戒律的隐忍，只是随着时间的推进，终于在第三周的深夜小卖部露出了马脚。

那天晚餐结束时已经快八点了，我和同学相约去学校门口的杂货店购置一些生活必需品。我看到有个同学买了一整盒的花生芝麻糖，还问我要不要来一盒，平日里根本不偏甜口的我却瞬间被调动了嗜糖的食欲。接下来的几天，我只见自己与同伴们一个个跌倒在糖衣零食的诱惑下。

在我吃下第三块朴素又大方的芝麻糖时，我突然想起了心理学教授罗伊·鲍迈斯特的畅销书《意志力》。他在书中提出了一个"自我损耗"的心理学理论，意思是一个人的意志力其实是有限的，我们的每一次决定、选择与纠结都会消耗意志力，直到不可避免地屈服于"不该做"的事情。他说："意志力就像肌肉，当你过度使用后，就会产生疲倦。"

学校里高强度的体力练习与脑力学习会不会已经彻底消耗了我可以拒绝零食、拒绝糖分的意志力？我看着手上的芝麻糖，茅塞顿开，当晚就把囤积的所有零食送给了同学，好像在明白自我选择背后的某种机制以后，我便感到了格外的轻松，也跳出了对甜食渴望的怪圈。在我送走了全部零食的那天晚上，我突然明白原来自律不是因为我可以控制自己，而恰恰是因为我把自身置于一个没有诱惑的环境里，减少了对意志力的消耗。

不过，意志力与自控力的变量很多，比如，意志力显然还受到情绪的影响，当我们情绪高涨时活力也会更充沛，这时在面对自控力的任务时，放弃的概率也相对较低。我们可以试着粗浅地把意志力比作肌肉，肌肉的过度使用当然会导致疲乏，但是，肌肉的练习也恰恰可以令其强壮。总而言之，所谓自律的意志力其实也是一个可以练习的对象，但是比起借助意志力这个并不可靠的储备，不如更聪明地从生理、心理角度来引诱自己，去喜欢上那些更难的事情。

自律的要素

那些优秀又努力的人，他们似乎生来便更胜一筹。这是真的吗？反正年少时平庸无奇的我自己是相信了。

专注研究特长科学的著名心理学家安德斯·艾利克森在《刻意练习》一书中揭示了杰出人物的秘密，国际象棋大师、顶尖小提琴家、运动明星、记忆高手等，他们的优秀与成就都可以归结于一个小孩子都懂的道理：坚持。

所谓的天才，实则就是一些不肯罢休的普通人。

在中途放弃与砥砺前行之间，有一道无法逾越的鸿沟，那是非凡与平庸的距离。其实这个道理我们真的都懂，我还记得在读物理大师费曼的自传时，他说起小时候常去修理收音机赚外快，偶尔可能会猜到问题所在，但是更多时候会一整天把自己关在房间里，直到可以修好，至少要多次尝试后才肯罢休，后来面对数学或是解谜题目时，他也是那个最晚放弃，却重复最多的人。那么问题来了，费曼就连还是小朋友的时候都可以一丝不苟地思考收音机存在的问题，普通如我在小时候连写作业都要走捷径，难道这不是内在的差距吗？难道不是因为这样拿到诺贝尔奖的人才是费曼而不是我吗？是的，这是内在的差距，却不是固有的差距。

自律，无论是生活方式、事业追求还是学业发展，甚至是情感关系，都可以归结为一种追求极致的探索。那些会让一个人愈发精进的行为，我们暂且将其定义为自控力，从神经生理学的角度来看，它发生在我们并不陌生的前额皮质这部分，也就是罗伯特·萨波斯基教授口中的那个"让人选择做更困难的事情"的大脑部分。

大脑是有可塑性的，人这一生的经历与每一次的选择都会精心雕琢大脑内部的神经连接强度。简单来说，持续重复的行为，终究会成为个人的特质，优秀的人一次次选择的坚持，会变成他个人的习惯，而人生的成果归根结底就是习惯的总和。

问题不是我们要怎样才能坚持自律，这种强忍的束缚不过是制造了更多的矛盾。真正的问题应该是，要怎样做我们才能享受自律，让内心和那些更困难的事情达成一致，统一连贯？

自律的人不是那些拥有超强自控，好像不苟言笑，生活毫无乐趣的人，事情刚好相反，那些被标签为"自律"的人不过是做了两件事：一是他们远离诱惑，毕竟诱惑不是拿来抵御的，更妙的生活是把诱惑当作奖励，最糟糕的决定恐怕就是把诱惑嵌入日常生活；二是他们享受自律，这是多巴胺完完全全成了他们的朋友的表现，让他们在追求优秀的历练中也趣味无穷。

生命的意义就是可以快乐一点儿，多巴胺带来的那种兴奋，是我眼里成功的人最明显的特质。还有一种快乐恐怕更为重要，那是一种对生命的崇敬与适度掌控般的安全感，用心理学的术语来表达就是"心流"。

既然以激励为导向，那么我们可以为自己做两个正确的决定：一是树立明确的价值观，二是相应诱发成就感。

● 价值观

2020年我终于喜欢上了跑步，但是这绝对不是我第一次尝试。可以说和大多数人一样，高中毕业之后，体育就以迅雷不及掩耳之势离开了我的生活。直到成年以后，我买了跑鞋，备齐了装备，还是怎么也跑不起来，屡战屡败，无法坚持，甚至还愈发恐惧长跑。瑜伽也是一样，我是从2018年正式成为一位瑜伽练习者的，当然，这也不是我第一次尝试做瑜伽，但确实是首次认认真真地、平平静静地就坚持了下来，而且每天都练。

这是为什么呢？当时我自己也是稀里糊涂的，直至今日才明白过来，我的坚持源于众多微小的因素，例如瑜伽本身的疗愈感，遇到了很好的瑜伽指引人，对环保瑜伽垫也投入了大量的心血，每天的练习不过是从十几分钟开始的。

大学时在网上下载玉珠铉瑜伽是为了减肥，后来多次尝试也没坚持下来，直到二十七岁时抑郁侵袭，我才真实地认识到了照顾自己的重要性。于是再次打开瑜伽视频的时候，我很清晰地知道瑜伽是照顾我自己的一种方式，并且我已经准备好要正确地爱护自己了。

后来我对阅读、写作、跑步、健康饮食等的坚持，都是同样的原因。2020年于我来说，在生命中最为重要的便是照顾好自己，那么坚持有氧运动必然是其中关键的一环。自从在科普书籍中了解到其作用于身体与大脑的奥妙后，原本让我感到难受的跑步，竟然也变得不那么令人生厌了，真是奇妙。

全球首富埃隆·马斯克在2020年5月宣布将抛售所有的有形财产，不再拥有房子，也不需要现金，声称是为了自由，还说："财富只会把你压垮。"马斯克这样形容："我当然也想建造一个心目中完美的家宅，但是当我开始设计的时候，我发现这需要投入大量的时间，一个人的时间是有限的，那么我需要做出选择，是去建造那个豪宅，还是前往火星？对我来说前往火星比较重要，所以，房子就干脆都不要了。"我当时坐在火车上听到这段话时心里极为震撼。

马斯克的成功除了钱，更是他双眼为了理想所闪耀的光芒，那是世界上每一个拥有热爱、拥有坚持的人都共享的闪耀。他的事业总带着几分疯狂，我看到的不是他如何经历濒临破产又绝地重生的故事，而是他如何延续这份张狂的底气，是他从学生时代便给自己明晰的价值。

归根结底，自律的行动就是实现自我价值观最真实的表达。

从生理角度来看，当我们做一件与价值观相契合的事情时，多巴胺便会助你一臂之力，呐喊助威"再来一次"，我们便莫名就坚持了下去。顺带一说，优质幸福的伴侣关系也一定要首先建立在契合的价值观上，不信你看，情侣之间大多的无效沟通与相互争执都来源于三观不合。

除了生存本能对多巴胺的利用，价值观恐怕是我们作为拥有自我意识的人类最有利的武器，它不仅不会杀死多巴胺，反而会利用多巴胺的分泌来帮助我们得到真正想要的东西。当我们的行为与价值观一致时，还会出现一件难以置信的事情——我们将自然而然地进入一种圆满的感觉，是心理学上达到知行合一的那种舒畅。

● 成就感

人体内有三种天然的快乐物质，我们已经见识过了多巴胺的生命力，现在来看看第二种快乐——内啡肽。每当体内分泌内啡肽时，它产生的是一种镇定止痛的作用，使人达到愉悦、平静的状态。内啡肽不仅可以令睡眠更为优质，甚至还可以为我们抵御忧伤，比起多巴胺造成的兴奋，它就是那个成就感使然的满意。内啡肽和第三种快乐物质"血清素"相得益彰，共同造就活力与平静的平衡。

我在十年前考上上海外国语大学研究生时的心情，是一种"没有任何感觉的感觉"，这当然只是故事的表面，事实上抵达终点时我以为会出现的兴奋，被另一种更为微妙的感受所取代了，那便是平静，一种对自我颇有把握的满足感。

年轻时的自己不懂得平静的力量，我们追逐热闹，制造精彩，要轰轰烈烈还要旗鼓张扬，直到在爱情里碰了壁才知道，激情是会燃烧殆尽的，再惊心动魄的爱情故事，也会随着时光的流逝回归均值，趋于平淡。我曾以为平淡是无奇，大错特错，事实上高质量的亲密关系往往都是那些在激情褪去以前，可以顺利进入平淡的恋人之间才特有的，这是内啡肽的力量。

快乐是短暂的，满意的份量却不可估量，持续的时间也更为长久。当我获得上外录取通知时，目标达成，没有多巴胺的参与了，此时取而代之的是内啡肽分泌的成就感，这不只发生在功成名就的时刻，在我做完瑜伽或是费尽心思烘焙了一份滋味怡人的蛋糕时；当我看着长相厮守相濡以沫的另一半，哪怕只是想起我的先生时，内心也会出现这种感觉——温暖、平静、安全、亲密。

有趣的是，长跑、爬山、太极拳也会自然提升内啡肽的分泌量，不仅如此，一些有节律的活动，例如呼吸均衡的瑜伽也会刺激血清素的提升。正是因为每一次努力带来的那一丁点儿的成就感，才会推动更多的正向神经递质分泌，即动力。

动力有两种支撑，期待或是恐惧。在养育小孩、陪伴宠物时，我们会发现最为正确的引导方式必然是以期待为本源；源自恐惧的动机必然无法长存，就像香烟盒上那些令人胆战心惊的癌症图片，对于减少烟草销售量收效甚微。坚持不懈依靠的不仅仅是个人的意志力，还有期待得到正面反馈的愉悦感。

当然，道理我们都懂，但绝不代表大多数人都可以过好这一生，我们还是会在某个时刻乱了阵脚，偏离轨迹，那不重要，重要的是在你以自己的方式经过挫败以后，你或许才可以找到适合自己的成功之路。

享受自律

自律的真相就是，你不必为其受苦，恰恰相反，任何具有可持续的自律行为都来源于其间的乐趣，而不是胁迫。想要成为一个很厉害的人，需要先做到两件事：一是专注，二是坚持。专注是任何行为的基本功，在接下来如何学习的章节里会更加深入地去探讨，这里先来讨论一下如何坚持。在制订行动目标之前，我们也要明晰有什么是不要去做的。

一、不要长时间暴露在诱惑之中。不要轻易试探自己的底线，我们中的大多数人都无法抵御诱惑，那不仅会浪费精力，还会陷入失败的气馁之中。

二、不要做你不想做的事。任何不符合你价值观的投入都是内心的冲突，不要陷入矛盾，强迫的自律与算计的意志力都是靠不住的自欺欺人，要明晰自己的价值观。

把握好这两个最基本的条件以后，结合对价值观与成就感的理解，我们便可以更加轻松地完成养成好习惯的技术型步骤。

[自我创造]

大脑是可以改变的

2019年的春天我在布达佩斯生活了两个月，其间与三五好友结伴在市郊的公园散步，渐渐袭来的凉意下，我们各自点了酒水热茶，坐下来聊聊无边无际的梦想与时间。结账的时候一位中年服务员皱着眉朝我们走来，待他来到桌前，我们礼貌地询问："请问可以刷卡吗？"惊人的事情就在此刻发生了，他先翻了个白眼，接着怒火中烧地急忙离去，我们几个好友面面相觑，不明就里。不到三分钟的时间，这位脸红筋胀的先生再次来到我们的桌前，还是怒气冲冲，如果是在往常，恐怕这时的我已经按捺不住开始厉声说几句讽刺的话了。还没回过神来，他不耐烦地从我的手中一把抽走了信用卡，朋友们终于看不下去，纷纷吵闹起来，等他把卡片还给我时，我好奇不已地盯着他：究竟是经历了多么巨大的挫折的人，才会对这个世界充满了如此大的敌意啊！

　　我看着他的脸庞，一瞬间想起就在一年前我也曾在镜子里看见过同样的模样，那是正在经历着焦虑与迷茫的我自己。我想问他："你有什么毛病吗？"结果脱口而出："你还好吗？"

　　他好像有一点儿惊讶。我再次重复自己的问题。

　　故事到这里并没有出现什么峰回路转的戏剧性结局，直到现在我也不知道他那天为什么心情如此糟糕，但我却第一次发现，原来大脑真的是可以改变的。就连我这样一个性情急躁，被外界环境一点就燃的普通人，也会有这般新鲜的自我体验。我们当然会随着年岁日渐走向衰败，但是其间充满了可以是美丽的，也可以是灰暗的新生。

　　诺贝尔生理学或医学奖获得者圣地亚哥·拉蒙－卡哈尔在1913年坚定地表态："成年人大脑中的神经路径是固定不变的，整个系统走向衰败，其间毫无新生。"这种宿命论提醒我们不仅无法控制自己的出身，似乎也根本无法掌控自己会成为一个什么样的人，而且大脑唯一的变化就是随着岁月衰老，越来越迟缓，也越来越笨拙。

　　还好，科学的范式正是确保自己可以不断被颠覆、被推翻，总有那么一群敢于挑战权威的科学家准备用更新的实验与更精确的科学仪器来证明成年人的大脑也是在不断变化着的，而且并不一定只是越来越坏。

　　德国神经生物学家汤巴斯·本菲尔在双光子显微镜的帮助下，亲眼观察并展示了神经元的变化。他在实验中利用荧光染色法标注老鼠的神经元，通过反复的刺激，仅仅在三十分钟以后，就可以看见神经细胞的树突长出了新的树突棘，生成了新的突触联结，神经路径的新生不仅频繁发生，而且数量空前；20世纪末，神经生物学家埃莉诺·马圭尔和凯瑟琳·伍利特通过"伦敦出租车司机的海马体"实验，开始认可重复性的经验其实是可以改变大脑结构的。

与此相关的研究充分证明了大脑的可塑性，神经元的链接不是一成不变的，我们接触到的外界，我们做出的反应，以及我们的内心体验，恐怕都是可以自行选择的。

2019年的春天我刚刚从印度回到欧洲，那是我此生最为规律、最有纪律地进行瑜伽练习的一个冬天，无需科学的验证，却值得反复练习，以形成新的神经路径。

事实上，哪怕只是读完这一个小小的章节，你的大脑就正在改变。这听起来有趣极了，也同时警醒我们，应该仔细甄别进入大脑的信息。那么，我们在面临迷茫期的时候都可以采取一些什么样的行动呢？

正确地爱自己

●问正确的问题

在我设计自己的第一批产品时，工厂问我想在吊牌上写什么，我回忆自己做这些瑜伽产品的初衷，闪现在脑海中的是一个问句：

"What excites you（是什么令你兴奋不已）？"

这是我想向对生活充满好奇的你提出的一个问题。爱因斯坦的名言数不胜数，我最喜欢的一句当属："提出正确的问题比找到正确的答案更重要。"他甚至打了个比方：如果解决一个问题的时限只有一个小时，那么他会先花上五十五分钟的时间去思考怎么提出最合适的问题，然后再用五分钟来考虑解决方案。

我们感到迷茫、无助，可能不是因为没有找到答案，而是根本没有问对问题。在决定接下来的自己该如何度过余生时，从前的我也只会询问：我喜欢什么呢？

"喜欢"这个动词实在是太模糊、太含混了，尤其是它所带来的情绪更加朦胧暧昧，我们可以喜欢很多东西，但是它们都可以成为事业、成为活着的意义吗？在面对自己喜欢的事物时，我们是呈现出害羞、快乐、恐惧，还是兴奋呢？我立刻想到了自己曾无数次失败过的尝试，学画画、学吉他、学跳舞……因为它们都只是一时兴起的爱好，而当别人问我："为什么要学吉他呢？"我想了想回答："还蛮喜欢的呀。""蛮喜欢"这么笼统的观念最终还是成了前行路上的一个无法坚持下去的理由。

我想我们都是这样的，随时会闪现出几个听上去还不错的念头，但是每当需要行动起来的时候，就会面临巨大的阻碍。那些起初给我们带来兴奋、幻想还有希望的事情，很快就变成了另一次失败，于是，我们又只好自怨自艾地感叹。我们以为"热爱"是前提，却因为并没有那么热爱，而很快就放弃。

我并不是说如果找到了真正喜欢的事情，这一切就会水到渠成，即使是由衷的热爱也一定会是困难重重的。喜欢一件事情其实是一个结果，并非起因。但人们却常常本末倒置，以喜欢作为前提进行探索。

不知道大家会不会也像我一样，如果明天要出去郊游，晚上可能会兴奋得睡不着觉。或者，喜欢上一个人，尤其是知道对方也在喜欢自己的时候，也会兴奋得睡不着，甚至会有无需进食的自洽满足感。其实这也正是躯体与大脑合一的表现。兴奋这个情绪实在妙不可言，它让人充满了动力还有旺盛的生命力。

我们这一生可能很少会为一件事情废寝忘食，但是兴奋这个情绪的力量可不容小觑，不信你下次试试看，当你很兴奋的时候，观察一下自己是否浑身充满了力量。所以，在不确定自己究竟应该做些什么的时候，先试着问问自己：是什么令我兴奋不已？

不要着急回答那个问题，可以只是先询问自己：为什么？

你一定要给出一个具体的原因，例如，因为我最近很不快乐，所以我的"为什么"其实是想变得更快乐；因为我最近比较累，所以我的"为什么"是能够学会放松一下，这个行为看似冗余，实则是一次暂停下来观察自己的好机会。于我个人来说，当初的那个"为什么"也是支撑着我后来一切行为的缘由——因为我想成为一个完整的自己。是否清楚地自知为什么你要做一件事情，决定了你能够为其坚持多久。

　　我在第一次创业生产瑜伽垫的时候，就是从这个法则着手的。没错，我是打算做一份产品，但是为什么我偏偏要做瑜伽垫呢？我仔细思考原因。后来我找到了，那份初衷不仅完全符合我个人的价值观，也激励我持续做出了更多的产品。

　　常常询问自己为什么要做一件事情，是我学会的第一个秘诀，当我在瑜伽垫上支撑一个体式却很想放弃的时候，我就会询问自己，为什么我要做瑜伽；当我开始讨厌自己日复一日的工作时，我也会询问自己，为什么我要做这份工作。当我们想起来初心时，就可以更从容地面对出现的困难，踏出更多坚定的步伐甚至勇敢地开辟出另一条道路来。而且，这个方法还有一个隐藏的福利：当我们的动力来源于自身时，无论做什么，我们都是自由的。

● 思维制胜

　　心理学家卡罗尔·德韦克指出了两种人们最常见的思维方式：一种是固定的思维模式，另一种则是不断成长的思维模式。在拜读德韦克教授的《终身成长》之前，我曾以为自己理应就是一个拥有成长型思维方式的人。毕竟我对这个世界充满了太多的好奇心，我不怕挑战更不害怕未知，这不正是"成长"的意义吗？可以说固定型思维倾向于认为人的能力无法改变，一个人的智力与发展是有顶峰的，无法逾越的；而成长型思维则认为人的基本品质可以通过努力不断提高，也就是我们有能力改变自己。看到这里我们肯定想，这不是显而易见的事情吗？我们所有人都知道要想得到自己渴望的东西，就需要不断努力去创造，可是，我们真的努力了吗？

虽然我热爱学习新鲜的事物，却绝不代表我拥有一个"成长型"的思维模式。高中时所有人都告诉我："你的英语很好，一定是因为你有语言天赋。""语言天赋"这个标签从此再也没有被摘掉过，但是后来我才发现我自己的思维模式彻底阻碍了我去利用这份天赋。

英语确实给我带来了非常多的便利，我后来还学习了德语，而且在六个月内从A2提升到C1，但是有一个细节我忘记与大家分享，那便是我的C1证书并没有拿到优秀，而仅仅是通过而已。为什么？我不是有语言天赋吗？

没错，我在学习一门语言时并不会感到太吃力，但是为什么我不是班里英语最好的那个人？为什么我不是新东方掌握词汇量最多的那位老师？为什么我的德语没有拿到"优秀"？是因为我一直以为：拥有了语言天赋，就表示我在面对语言时总是能轻而易举，而那些会挑战到我的一切，都不符合我的标签，所以我干脆视而不见。原来我一直都是以一个"固定型思维"在"努力"啊！这大概也是为什么尽管我十分热爱学习语言，却并未从中获得过真正意义上的满足感，更无从谈起自我价值的实现了。

当我懂得了成长型思维与固定型思维真正的差异在于当困难降临时的选择，我才明白成长型思维真正的意义在于不断地挑战自己，以及在面临挑战时不会畏缩，反而更加受到激励。令人欣慰的是，成长型思维是可以培养出来的。比如，不要总是否定自己。

不知道上一次你对自己说"我眼睛太小了""我腿太粗了""我体力太弱了"等这样自我否定的话是什么时候？心理学家发现，我们在心里批判自己的时间远远地超过了夸奖自己的时间，那种自卑与自责，其实是可以通过改变自己对自己说话的方式来消灭的。我们可以给自己更多的肯定，与其对自己说"我做不到"，不如换一个字，换一个字而已：我做得到。

●创造自己

万物流动，世事无常，一切都在变。道理虽然是不言而喻的，我仍然想再说一遍，因为这个道理就算听了无数次，就算好像心里懂了无数回，却还是没有成为让我强大的原因。我们大家都希望别人爱的是自己最原本的样子，可这世界上哪有什么最原本的样子？我们的一切行为，我们的一切决定，随时都在改变。通过一次次的选择，我们才成为现在的样子，而自爱的最佳方式便是不再随波逐流地被生活推挤，而是先发制人地去推动生活流动的方向。

我从2018年开始练习自省，在那些闭着眼睛与大脑里的噪音对话的黑暗里，我第一次睁开了双眼，观察到自我，观察到我的渴望与梦想、自卑与彷徨，我开始看见它们而不仅仅是感受它们。我学会了什么叫"醒着生活"，醒过来，看见无论是职业、消费、饮食还是情绪，原来选择都在我自己的手里，却被我交给了那个看也看不见、摸也摸不着的别人。

等你真正地学会了爱自己，就会发现，去爱别人不再是那么神秘的事情，被爱也不再是一种无法企及的远方，而快乐、持久的幸福，更不是什么握不住的沙，而是你手中最大的法宝。重要的是，爱自己与自我成长，都是需要刻意练习的。以前我常因为树荫透过的阳光而感到温暖，现在即使没有太阳的普照，心里也会被温煦的阳光照亮。是的，我很快乐，更有一种幸福的愉悦。不是因为他，不是因为工作，不是因为新买的裙子，而是因为我自己。

这种快乐与幸福是一种活力，是每天迫不及待醒来想要去做事情的推动力。

萧伯纳说过："人生不在于寻找自己，而在于创造自己。"这句话时刻为我的生活指明着方向。自我实现不是获得全世界的热爱，不是成为屋子里最闪耀的人，不是有钱有势。自我实现可能只是街角那位对自行车结构痴迷不已的年轻人夜以继日动手拼凑的时光，自我实现也可能只是小餐馆的厨师在厨房里忙碌不已地搭配新口味的过程，是那个让生活充满热情、让我们眼睛发亮的东西，是我们最喜欢做的事情。

打开成长的内在动机

第二章　CHAPTER ②

幸福黑客

人生的宽度

延长生命的时间感

2021年新年的第一天，我和先生在柏林阴冷潮湿的街道迎着午后星星点点的阳光散步。当时我们住在城市东北方向的一个标准的德国居民区，路上很安静，偶有几个遛狗和推着婴儿车的人经过，每一刹那的声响都清晰又响亮地穿过耳畔。当然，我们也抓住这个机会一同回顾过去这一年。他总结说："过去这一年的时间，像是过去了四五个年头一样。"我点点头，甚至对当下才迎来新的一年感到难以置信。过去的一年，我经历了三种全然不同的人生，刚好彻底搅浑了我对时间的体验：从森林里的独居，到高频率旅行中的喧嚣，以及在一座城市渐渐回归平常生活。

这让我不由自主地想起时间这个话题。我自己对于时间的主观感受在过去这三年里发生了天翻地覆的变化。25岁到27岁，于我来说岁岁年年简直就是瞬息之间的事情，几乎波澜不惊，还徒留了那么一丁点儿的莫名焦虑。我只是例行公事般地穿梭在人群之中，被动地接受着世界带来的影响，对生活有诸多的不满，却也硬着头皮随波逐流。

我第一次有种时间被无止境延长的感觉，是在2019年的那个秋天，那时我已经旅居世界整整一年。那天我一个人走在巴黎的夜里。巴黎圣母院旁边一家名气颇大的爵士酒吧里有我的两个好友在等待我，一个是我在印度结识的闺蜜，另一个是我的法国老朋友。我走出地铁经过塞纳河上的第七座桥，看着远方那流光漫溢的埃菲尔铁塔，第一次有一种恍如隔世的感觉，我想起了童年街区的夜，成都某个夕阳满树的黄昏，还有上海那温柔无止境又极度狂躁的深更。

四季的更迭、日月的交替都是客观发生的，但是个体对时间的衡量却千差万别。客观时间是公平的，一年、一天、一小时对于富翁与平民都是相等的流逝。我们对于生命的感知，更为关键的则是来自心理的体验，是一种主观的时间感受。那么我想从三个角度和大家一起探索时间，从时间感的长、宽、高，分别厘清年龄、经历与体验的空间关系，还有现代加速社会对时间不可避免的时间异化结果。同时我也希望通过自己的经验来谈谈怎么延长生命的时间——不是长寿，不是慢生活，而是心理时间感。

●时间感的长度

先来看看时间与年龄的关系。我的童年是在一座封闭式的大学校园里度过的，每当我推开客厅的那扇窗户都可以闻到山上青草和泥土的湿润芳香。那是一个捉着蜻蜓、吹着蒲公英、看着蚂蚁、坐在树枝上的魔幻世界，儿时的光阴于我来说漫长又充满了自由，是与自然的博弈，也是与后来教育体系的抗争。

心理学家发现，时间在小孩子的眼里流动速度较缓，而成年人对时间的感知则偏向于更快。一种解释是说：儿童的生活是完完整整地活在当下的，每一件事都是一场全新的体验，而成年人的后半生更多是在重复中度过的。心理学先驱威廉·詹姆斯描述过这种年龄所带来的心理时间扭曲的奇特现象："年轻的时候，每一天甚至每一个小时，我们都会获得很多新的体验，感觉生活丰富多彩，一点儿都不单调，而且那段时间好像也很漫长似的。但是，随着岁月的逝去，这些经历慢慢变成一种例行程序，几乎都让人注意不到细微差别。当我们回忆这些经历的时候，就会感觉它们竟是一些空洞无物的内容，然后，一年年过去，时间也就悄无声息地逝去了。"

从儿时至青年，我们经历了校园的生活，第一次恋爱到心碎，新鲜工作。再后来，成年人的生活多了一些重复，就连心碎也可以被复制，大量的如常会让我们的大脑很顺利就进入"自动驾驶"模式。一方面它帮助我们更好地适应环境与挑战，另一方面，这种习以为常却最容易让人迷失在随波逐流的生活里，直到某一刻你突然发现这一切不过是浮生一梦。

● 时间感的宽度

了解了小孩子与成年人对时间观感的区别以后，现在我们来看看时间与体验感的关系。

我三十岁那年，是和先生一同旅居的第二年，那一年多的时光于我来说简直有几个世纪那么漫长，尤其是在今天回忆起来发现那是一段光影四射的冒险旅程。我们走过海岛上的无径之林，在深夜里跳进大海的中央去挑逗会发光的浮游生物，在印度经过苦修，骑着骆驼又住进了城堡。那一年多我们慢行世界，走过十来个国家，在海岛上认识的朋友，再在雅典相聚时，已经像是隔世的缘分那么渊远。

这很符合逻辑，那时我刚刚开始旅居的生活方式，几乎每隔一个月就会踏入未知。我每天都在练习新学到的瑜伽技巧，结交新的朋友，阅读更多的书，或是与老朋友在新城市见面，走过渐渐熟悉起来的街道，就连每周都要去采购的超市也言语各异，货币的更迭也目不暇接，这种膨胀的丰富，当然会让我在回忆时误判了时间的长度。

坦白地说，上大学时我对电影的热爱在如今几乎全然消耗殆尽。一方面是因为我上瘾般的观影速度，让我看了上千部电影与剧集，一开始还以为生活的奇幻与探险都只能通过屏幕来体验，但是量的积累必然导致对套路的免疫，使再好的故事也变成了无聊的反复；另一方面，则是当自身生活经验丰富到剧本无法跟上时，那以体验为目的的观影感受便自然而然地味同嚼蜡了。

心理学界或是我们个体自身的经验都明晰一个法则：体验到的时间和记得起来的时间之间是成反比的。

当时高速的体验，例如旅行或是与喜欢的朋友聚会的时间飞速，在日后回味起来自然会显得更为丰富；而此刻的漫长，例如塞车或是无意义的长时间会议，却好像留不下什么鲜明的痕迹。全身心地投入在当下，确实可以延展未来对时间的感知，但是，这可不是说我们应该时时刻刻都活在一种高速的时间感里。无畏的加速，是灾难的起点。所以，我们要讨论的不是日常的经历应该多么地"新"，而是我们可以怎样更聪明地去制造新鲜。

● 时间感的高度

如果说时间感的长度与宽度是指过去与未来的关系，那么它在人生空间里所占据的高度应该就是指我们在当下对时间的直接体验了。此前我们已经看到了，体验越多样，时间越快速，回忆起来也越有分量。但是如今被网络占满的生活方式已经不再满足这样的原则了。

相信大家都有各自的体会，比起20世纪90年代，现在的人们很难感到无聊，我们有丰富的渠道占满自己的时间。刷朋友圈或是浏览任何令人着迷的社交网络，时间会过得非常快，一不小心，下班后的休闲时间就全部用在眼花缭乱的碎片内容里了。我们在很长时间里还以为"看电视"是一种休闲放松的方式，实则因为对注意力瞬时占据与高度分散，我们的大脑早就负载累累，积极心理学鼻祖塞利格曼就说过，长时间地看电视最容易造成轻度抑郁。

我自己就深有体会。2016年是我成年生活里第一次获得时间自由的一年，我几乎整个人完完整整地坍塌在信息的被动接受里，看大量的电影、电视剧，没事就抱着手机刷好玩的信息。第一个结果是那两年除了旅行的经历，几乎没给我留下什么深刻印象，第二个结果就是我在二十七岁陷入了漫长无望的抑郁情绪深渊。

当我们的注意力高度集中，尤其是在看一部悬疑电影时，那种全神贯注的感受让时间一下子就溜走了。但是，与时间感法则相悖的是，虽然当时很投入，回忆起来的时候却一片空白。德国社会批判者哈特穆·特罗萨在提出他的社会加速理论之时，将当代特有的这种现象称作"时间的异化"。他尖锐地指出："（这些电视节目或游戏或社交网络的娱乐内容）跟我们是什么或我们是谁一点儿关系都没有，它们跟我们的内在状态或体验没有有意义的共鸣，这些片段不会在我们的脑袋里留下任何记忆痕迹。"当然，这是指那种全然以娱乐为导向的内容。

我们这一代人很幸运，我们享受着人类历史上无可匹敌的舒适与安全，但是一不小心就会被那个还没有跟上步伐的大脑神经网络结构给拖后腿，例如上瘾、嗜糖，还有陷入无可名状的悲伤。

总结来说，如果回看一生的追溯性记忆，快乐源于丰富的人生体验，那么当下的快乐则更多来自全情的投入，再次强调，不是那种被动地接受娱乐或是碎片化内容的专注，而是米哈里提出的著名心流理论那种投入。心流是指我们在做某些事情时，那种全神贯注、投入忘我的状态，在这种状态下，你甚至感觉不到时间的存在。事实上，处于心流的状态下往往会在当下感到时间在飞速地流逝，那些亟需我们专注力以及一点儿挑战力的事情总是一眨眼便结束了的。

最后让我们来适当谈谈延长生命时间感的方法论。

让时间慢下来的答案非常简单：多做一些新鲜的事情，给你的大脑一些值得写入长期记忆的剧本——这些剧本大多来自人生的经验。注意，经验与体验是不同的，体验是一种即刻的片段感受，而那些真正意义非凡的人生感受来自经验。经验是我们与环境的互动，它有很强的故事性，有明晰的触发点，它拨动心弦跌宕起伏，不是简简单单划掉景点清单，或是建立点头之交的人际关系就可以获得的。

真实丰满的经验更多源于我们对时间的投入，源于与空间环境、他人建立的关系，这恰恰说明，对未知的探索并不仅仅意味着去新的地方旅行。如果擦亮眼睛与观感，如果我们醒着生活，就会发现，我们原本生活的地方就充满了未知，充满了新鲜。

我是这样延长生命的时间感的：保持终身学习的习惯，去从未去过的地方，做那些从未做过的事情，结交新的朋友，走出舒适圈。当然还有万分重要的，享受刻意的单调与自律的力量，这让我无需那么在意自己的想法和欲望。

去未知的地方

旅行的意义不在于绚烂的目的地，而是通过去很多不同的地方，学习感知自己关注生活细节的能力。

认识新的朋友

整个世界对我最温柔的时刻，都是那一个个来自世界各地的朋友们汇集而成的；最大的敌意往往来源于封闭与无知，我在每个不同的朋友身上看到最多的，是我们共同的对爱与善的渴望。当然，每个人各有各的傻，各有各的可爱。

如果你是单身，那不妨用爱情来充实对世界的认知。这世上还有什么样的关系会比爱情来得更亲密、更彻底？我很幸运有一个相知相伴的人生伴侣，这种亲密关系在某种程度上来说当然也是自信的来源。

发现新的自己

学习新的东西是自我颠覆最好的方法，我在2018年开始练习瑜伽，2020年又养成了跑步的习惯，从基础体力来强健身心。我也坚持写作，梳理头绪。

我们其实有三种体验时间的途径，第一种是回忆过去，第二种是完整地投入当下，第三种是期待未来的某个事件。心理学界殿堂级人物津巴多就说过，如果利用好"过去、现在和未来"这三种时间观念，那么人生的幸福感总和必然会呈指数级增长。

那么，你是如何体验时间的呢？

夺回多巴胺

多巴胺的发现其实是一次有趣的科学研究意外。1953年，两位年轻的科学家詹姆斯·奥尔兹和彼得·米尔纳决定用小白鼠来探测一下大脑的奥秘。他们给小白鼠的脑袋里植入一个电极，结果发现小白鼠可以不断触发这个电极，直到它忘记吃喝甚至为之付出生命。有意思的是，恰恰是因为奥尔兹对神经科学的不了解（他是社会心理学家），把电极安放在一个不是计划中的位置上，结果出乎意料地有了一个颠覆性的发现。当然，这两位科学家一开始兴奋地以为他们发现了人类快感中心，一些阅读过他们研究报告的人则把多巴胺理解成了快乐因子。

事实上，多巴胺的分泌并不会引起快感，小白鼠和游戏玩家体验到的神经冲动不是极乐，而是渴望，是那种只要你做了这件事就会有快感发生的承诺。多巴胺是一种在大脑不同脑区中都可以合成分泌的神经递质，也就是让各路神经元连接"对话"的一个信使。简而言之，当我们预期做某件事情会得到一个什么样的好处时，多巴胺就产生了。当你心生起一种"想要更多"的心情时，你自然而然会有一种想要去执行某种行为的内在动力。

从生命进化的角度来看，多巴胺明显是一种激励我们生存并繁殖的物质。性唤起尤其会分泌大量的多巴胺，这在每一种被研究过的物种身上都会出现。食物也会引起多巴胺的分泌，人类在饱腹或是基本满足的状态下再看美食的图片，就不会再明显地启动奖励系统，但是，对于一个在节食期的人来说，往往一张甜甜圈的图片就会颠覆他的全世界，这应该可以对设置减肥的目标有一定的启示。

斯坦福大学健康心理学教授凯利·麦格尼格尔说过："我们渴望的东西，既是快乐的源泉，也是压力的源泉。"多巴胺的存在显然是我们生存的必需品，它让我们对生活充满期待，激励我们更高更快更强。只是一个不留神，这种期待就有可能变成控制我们生活的元凶：我们会买更多毫无用处的产品，在喝奶昔的时候还想着下一口蛋糕，就连旅行的时候也只想着怎么拍照可以获得更多的赞。这样一来，对意志力的剥夺恐怕也可以归结于不恰当的多巴胺分泌。

我们也可以通过认识多巴胺来了解自己的欲望，并且充分借助这份动力奋发向上。怀着对成为记者的渴望，我可以在冬日的寒风里坚持去图书馆为研究生考试学习；为了更顺利地向世界表达自己，我甚至将学习英语变得与吃火锅一样回味无穷；后来，练习瑜伽时那种全身上下的舒畅与对身体力量与平衡的挑战，成了源源不断的动力，我甚至可以坚持在日出以前便起床练习瑜伽。我渴望醒来的时光，因为醒来我就可以做自己喜欢的事了。那种对生活充满期待的状态可真是美不胜收，那是一种对生命力的高歌。

●多巴胺劫持的现象

多巴胺会提高我们的兴奋度，也一并提高了我们的关注度。记得五年前我在上海生活的时候，一次下班回家的路上，地铁2号线一如往常人潮拥挤，列车从人民广场行驶至南京东路，往常漆黑一片的隧道里突然闪耀起了追逐的光影。朝窗外望去，我发现那是投放在墙壁上的一则有关牙膏的广告，画面并不是非常清晰但充盈着一种极度欢乐的气氛。

那一刻，除了对富有未来感的高科技感到兴奋以外，我从心底升起了一阵深深的忧虑。因为，我终于意识到，在互联网时代，人们始终面临着过度充斥眼球的信息刺激。

我在大学时就是那种非常容易中招的人。如果电视上播放了可乐的广告，我就会被画面里清爽兴奋的氛围刺激，立马下楼去便利店买上一罐大呼过瘾；在美妆视频里看到某支新款南瓜橘色口红的推荐，我会执迷地一定要在专柜找到同一个色号；在淘宝首页发现漂亮的女生，我就必须点进去一探究竟，然后不知不觉中塞满了购物车。结果是兴奋地喝完可乐后产生了血糖问题，家里堆满了各式各样几乎从来不用的化妆品，还有根本就似汪洋大海的混沌衣橱，更不要提永远也刷不完的电视剧。

大三那年，我花了整整一个学年努力复习准备考研，那时我还抱有成为一名记者的梦想，以为先考上研究生会让这一切更加顺利。我也不像你们想象中那么用功，因此在通知书出来以前，百般默念：

"天啊，如果我考上了上外，我一定会开心到爆炸！"最后，当我通过面试，在榜单上看到自己名字的时候，我记得，我到现在都记得那种"没有任何感觉"的感觉。更糟糕的是回到学校里，身边的朋友都在为我兴奋不已的时候，我却感觉不到什么激动。那时我才第一次明白了满足欲望并不像我想象中的那么美好。

皮克斯推出的又一部高分成年人动画《心灵奇旅》，说的不正是这样的一种感受吗？当男主历尽万难，才得到了自己最想要的东西时，留下的却是一种"空"的感觉。最扫兴的是，随着年龄的增长，我们会发现，欲望实现的时候正是快乐消磨殆尽的时刻，大脑对新鲜事的刺激会很快回到基准线，回到一种生物最基本的内稳态平衡。而下一次产生这种兴奋的心情则需要更大，或是更新奇的刺激，也就是著名的阈值提升，俗称"上瘾"。

多巴胺阈值的提升会导致多巴胺劫持。

当奖励真正发生的时候——吃下第三块你最喜欢的蛋糕、连追了三部电视剧、和令你着迷的那个人在一起三年，你都会发现自己不如最初那么兴奋了。这是因为大量地接触同一种新奇的事物，多巴胺就不再那么容易分泌了，需要你给它更大的刺激。这也是为什么那些人类实验对象会说"到最后这种感觉非常令人沮丧"，因为他们越来越不能感到满足了。

欲望自身不是问题，何况为了能够更好地活下去，人类原本就极度依赖于欲望，失去了多巴胺分泌的人正是那些正在体验抑郁、无聊，找不到理由继续生活的人们。我们需要小心的只是自己究竟是如何让多巴胺分泌的阈值提升的。

这就要为快乐做一个所谓的区分了：一、生活里有许多可以轻松得到的廉价快乐，例如买买买、社交网络、口腹之欢，它们是一种即时享乐，是一种被动并且轻而易举就可以获取的快乐；二、生活里还有一种更有价值的快乐，我们姑且称其为乐趣，例如写一首诗、品一杯茶，它们的回报来得不那么即时，是一种延后的享乐，需要更多的自我参与。如果要多巴胺变成我们的朋友，我们首先需要克服自己对即时享乐的过度追求。

我们每天生活的感知情绪在很大程度上都依赖于大脑的神经元是如何通话的，这不仅仅取决于你是谁，也就是说那些你无法改变的基本构建，例如出生家庭、成长环境以及基因排序，更在于你在后青春成长时期是如何接触这个世界的。所以你自己可以主动选择，是被欲望掌控，还是反过来认识欲望。注意，不是控制欲望——任何控制的意图都是一种对抗，任何对抗都是一种内心的矛盾，任何的矛盾都不会带来丝毫的安宁。所以，我们要学会的不是控制欲望，而是认识欲望，这是人性，是人生基础课。

●如何控制多巴胺贪婪无尽头地提升？

我们应该明白了一个恒常的道理，人们对新鲜的追求是无穷无尽的，你我都一样。

看见欲念

什么叫浑浑噩噩随波逐流？就是你从不观察脑袋里在发生什么。坐下来与自己的大脑亲密相处的时光——自省或是清空自己，或是论语中的"吾日三省吾身"，正是那个可以帮助我们清醒的元技能，就是我常说的"醒着生活"。

当然，这不是说学会了观察就可以掌控思绪的方向。我们所做的事情不是控制自己不去想什么，而是"看见"自己在想什么。你一定要亲身体验这种感觉，才可以恍然大悟。一旦我们看见了自己思绪的蛛丝马迹，我们就可以通过了解自身，从而改善行为。

那句话是这么说的：只有在我彻底接受了自己的时候，我才有机会改变自己。

升级自我

我过去几年所写的全部文章就是为了给读者"双眼放光"的体验，其实说白了，就是在激发你的多巴胺分泌。但是这份多巴胺可不是那种用轰动、搏眼球的信息来交换的，你们会发现我的文章越写越长，就连做的视频节目，也偏向于长时间的瑜伽陪伴。这没有什么，关键是我虽然写的是自我提升，但是不会像知识付费那种允诺一种即时回报，我说的可能都是那种没有捷径可走的自我提升，是需要你思考、整合，最终做出行动的。

现在你会明白这是一种什么样的多巴胺刺激，乍一看，学习新的东西、认真阅读一篇经过作者思考过的文章，是一种需要"高度投入"，却在短期内收益不明显的感觉，但是世界上最懂得自我发展的人，恰恰是花了最多的时间在那种需要高度投入、短期内低收益、长期却可能产生巨大收益的行动上。这些事情在你做得不好时就变成了自律，做得好了其实就是乐趣。

比起花两个小时读一本哲学著作，刷手机或是追综艺当然更轻松、更愉快了，但是这种明显"低投入，短期高回报，长期零回报（甚至是损失）"的即时享乐行为，正是多巴胺的陷阱。正如我在二十七岁时，拼命看电影，看电视剧，然后骤然落入人生低谷，陷入抑郁的结局。

如果要充分感受到自己活着，我们就必须不断学习。

"不断去发现一个新的自我"是我写作的方向。关注自我成长，学习新的东西正是一种给生活持续注入新鲜血液的最佳方案，因为它恰恰需要你做出那种需要"高投入"却短时低回报的事情。只不过，一旦高投入的行为想要给你回报，那就可能是一种不可预估的高回报体验。以我自身的经验来看，哪怕只是最微小最无抱负的自我提升，也会给亲密关系带来更多的新鲜与甜蜜呢！

我先生从2015年起就开始"强制性"放下手机，并且与我约定家里的卧室不得有电子设备参与，也就是不要在睡前刷手机。

2019年夏天我回国陪伴父母，去见我的发小准备留宿过夜。当我把手机关掉留在客厅时，她惊讶不已。我把家里的情况告诉她，她哭笑不得："凭什么他要规定你什么时候不能用网络啊？你居然受得了？"

我为什么答应我先生的提议？虽然当时我们也才二十三四岁，正是处于对社交网络难以割舍的幼稚期，我当然不能立刻理解他的用心，但是我知道，他的决定是正确的。而且，我们直到今天都在为这个决定而感到欣喜，因为我们拥有了更多嬉笑打闹的时间，更加认真地聆听对方的倾诉，也因为剥离网络信息的轰炸而睡得更好了。

这是我第一次明白"选择性无聊"的力量。

其实很好理解，假如我们每天都吃最爱的麻辣烫，那么根据多巴胺阈值提升的效应，大概到第十天，只要闻到麻辣烫的味道我们就会想吐了。但是假如你断食了十天，只喝水，结果是原来那不太有吸引力的胡萝卜沙拉，也会在这时变得诱人无比。

古希腊斯多葛学派的哲学中谈到：罗马帝国首富塞内卡家财万贯，声名显赫，却偏偏每个月都要让自己吃最简单的食物，直接睡在地板上，这种主动选择单调、简单生活的能力，是一把制服多巴胺的金钥匙。

事实上，全世界正在经历的这场疫情正是一个给我们踩刹车的机会，当然也有人因此而陷入更强烈的娱乐刺激圈套，但是终究你会发现，那些即时的快感多了一层低潮的阴影。疫情当然不是我们主动选择的，也正因为如此它显得更加难以忍受，但是换一个角度，如果主动一点儿，慢下来，不用那么多次消费，不用那么多次聚餐，那么接下来的每一次消费、和朋友的简单聚餐，都会变得更加令人满意。

　　疫情打断了数字游民自由来去的旅居生活方式，我和先生还有许多朋友也进入了一种更为被动的状态，要么停滞旅行，要么被迫前行。我们在德国小镇的森林里度过了一整个春天，那段时间我们每天在林中散步，甚至还训练起了跑步，整个时光都充满了生机，我也算是目睹了一整片森林由冬季到春季的复苏。

　　我发现自己可以在家里的地毯上花几个小时，只是为了观察一片树叶，从气味、形状到纹路，仔细感觉它在手指手心的独特触感，一寸一寸地重新认识一片简单的叶子。这令我感到很快乐，一是突然寻回了小时候一整个下午蹲在地上观看蚂蚁搬家的感觉，二是我竟然在二十岁的最后几年学会了如何与一片叶子度过一些简单又干净的独处时间。

[生活方式]

玩命爱自己的小仪式

这几年，我刻意养成了一些新的习惯，比如早起、练习瑜伽、自己做饭、写晨间笔记，这些微小的变化不但使我不再沉迷于悔恨的情绪里，或是当下的无聊不安中，反而令日常的行为也跟着奇妙了起来。接下来我们从生活方式的角度，具体为自己谱写自律的节奏。

最初身为自由职业者的那两年，我基本上每天在九点左右才能起床，磨蹭着吃份早餐，等到真正清醒过来打起精神也大概过了十点，最要命的是很快午餐时间又到来了。不仅效率极其低下，而且常常一整天都非常疲倦，那时的我万万没想到自己在将来可以五点三十就起床，而且起来以后还会立即做运动。

那是我刚好跌入谷底的第一个冬季，对生活迷茫，对自己更是失望。我当然也有心想要改变自己混沌的生活状态，不是因为我有野心想要成为一位成功人士，而是我真的很不喜欢自己持续一两年来无所事事与无精打采的迷茫状态，我想要旺盛的活力与持续的快乐。

现在的我，如果没有特殊情况，基本上每天都会随着第一缕日光起床，练习瑜伽，自己在家烧菜，每天大量阅读书籍，整理思路记笔记，好像每一天的自己都在进步，都在向生命致敬，不再懵懂地被时光推着前行，而是与时间携手共进，与岁月做起了朋友。对我来说，这太美妙了，因为我终于懂得了一件事情，那就是幸福不是通过寻觅而找到的，而是需要我们自己去创造。主动权一直就在我们自己手中，只要你愿意，你也可以是那个幸福的人。

获得幸福的诀窍在于重复的练习。我给自己设定了大致十个玩命爱自己的小仪式，它们不是精美的物质奖励，而是从心底里的自知与自足：

一、整理床铺。这是一个养成习惯的小妙招，是一位僧人给我的建议，这个小小的举动，哪怕只是铺平被单而已，就可以增加人们的幸福感。因为自己完成了一件事情，而且当下班回家，或者眼光再次瞟见那个角落时，整齐的画面也总会让人心情舒畅。

二、充足的光源。拉开窗帘，接近自然光。科学实验表明，晨间充足的光源与夜间降低的光源会直接影响我们的睡眠质量，就算是冬天，也应尽量保证室内的光源充足！

三、补水。早晨起来先喝一杯水，应该是每个人都知道的常识了，即使没有人告诉过你，你的身体也自然会渴望水分。我很喜欢起来以后先烧水，并把它在心里当成一种仪式，每当水壶发出热水沸腾的声音，我在厨房里就觉得很安心。

四、适当地活动，刺激心率。俯卧撑、轻度有氧运动、冷水澡，都可以令我们快速清醒过来。而且，加快心跳的频率极有助于大脑保持清晰，一整天都充满活力。我将曾经从来没有实现过的梦想——早起去跑步，换成了清晨的温和瑜伽。尤其是对初学者来说，一步一步慢慢来真的很重要，我有试过早餐前去跑个几千米，结果不仅完全坚持不下去，而且累成狗。不要说活力满满了，基本上接下来的一整天也是筋疲力尽。因此，现在的我以瑜伽为主线，掺杂俯卧撑、头倒立以及五组拜日式轻有氧来唤醒自己。

五、自省或感知当下。我曾读过一句话：如果你连十分钟都抽不出来完全地送给自己，那你根本就不是在生活。与自己安静地独处，是我这一年来最欣喜的收获。即使自省可能并不适合每个人，我也建议你可以允诺给自己安静的几分钟，坐下来安静地听一首歌，享受什么也不做，没有什么地方要去，没有时间要赶的那种平和。

六、书写。书写有一种强有力的治愈能力，除了记笔记、做规划，对我来说最重要的还有晨间感恩笔记，就像魔法一样，总是能带给我好心情。

七、阅读。读书是回报率最高的投资。读书能突破语言的障碍、时空的限制，给我们提供最疯狂的想象力，给予生活最谦逊的智慧与养分，也是我们接近全世界最优秀的人们最简便的方法。

八、自我肯定。自我肯定可以是很俗气地对着镜子说"我能行"。我有一个法国好友，每当他发现自己掉入生活的漩涡，或者被焦虑不安、自卑自责所袭击的时候，他会对自己说一句话为自己鼓劲。他对我说："你一定要给自己打气，给自己一句随时可以亢奋起来的话语，它最好能够直击你的灵魂。"你可以说它是座右铭，也可以说是人生信条，这不重要，重要的是，这句话可以给你带来惊人的勇气与无尽的力量。

九、大笑。心理学家已经证明我们的情绪可以被面部表情所控制，因此，即使是强挤出来的笑容，也有利于优化我们的心情。我印象最深的就是在印度学瑜伽的时候，每天都需要在五点起床，五点四十五分就开始呼吸练习，每天高强度的瑜伽练习与知识体系的吸收必然导致身体的疲乏，也刚好是在临界点第三周的时候，我们的老师忽然引入了一种"哈哈大笑呼吸法"。乍一看这荒谬至极，不过就是随着呼吸的气流将双臂举高高，然后仰天发出三声长笑："哈！哈！哈！"不但如此，还要重复五遍。这个简单的练习让我们全部都恍然大悟，即使是假笑，脑神经最后也会实实在在地调整我们的精神状态。

十、可视化练习。在游泳冠军菲尔普斯十五岁时，他的教练鲍勃·鲍曼就先教授了他一个关于大脑的小技巧，即可视化练习：让大脑专注地向一个目标发出信号，并想象出相应的动作细节，例如想象自己握紧拳头的每一寸感受。

　　菲尔普斯在没有比赛的时候也会在脑海里想象自己在水中的模样，他会想象自己如何用力、身体怎么摆动、呼吸怎么调适，每一个步骤都清晰地在大脑里演绎着，所以，他的教练最喜欢说的一句话便是："在上场以前，他在脑子里都已经游了100遍了。"不仅如此，他还会不断重复想象自己夺取金牌站在领奖台上的样子，甚至具体到空气的味道是怎样的。心理学家也通过实验多次证明这种充满想象力的可视化练习对达成目标大有成效，例如只是在脑海里想象弹吉他的细节，或是参与马拉松的情境，便能达到极好的结果。

　　这是我最近才刚刚开始接触到的一种方法，不如从今天开始，试着去想象一下成功又幸福的人生于你而言是什么样子的，越具体，效果越好。

　　这十个贯穿日常的小仪式是我不断提醒自己积极向上的清单。

四个养成新习惯的钥匙

　　在本书的第一章我们已经非常详尽地了解过自律的基本逻辑，在抽丝剥茧地看清自控力的本质后，再来为自己设计一套新习惯的进程，就显得不是那么困难了。

　　下面我来分享几种我的方法：

慢慢来

我们这一代人生活的状态是在奔跑着前行的，食物要吃快捷方便的，技能要学速成的，但是想要给生活带来一些改变，我们一定要记得曾经的自己是怎么学会走路的，那是一点儿一点儿的尝试与一天一天积累的结果。

在德国，医疗保健制度强制公民必须每年检查两次牙齿，从小到大从来没有看过牙医的我在搬来的第一年才重新认识了一次牙龈健康，也才知道世界上的每一位牙医都会建议：每日用牙线清理牙龈。我瞪大了眼睛，每天？再说第一次操作时里面的牙齿缝根本就够不到，这简直就是不可能的事情！我们的牙医是一位温柔、和蔼又睿智的中年女性，她耐心地向我解释：其实，你可以试试每天就用一小截牙线清理门牙，仅仅是这两颗牙齿之间的缝隙，就够了。这听上去就可行多了，于是，我抱着只需要清理两颗大门牙就够了的心情开始在晚间行动起来，心里非常满足，不知不觉地从一个牙缝到一排牙缝，到整个口腔，这个断断续续的如儿童蹒跚着向前的步伐让我成功地形成了使用牙线清理牙齿的晚间习惯。

多简单呀，像婴儿学走路一样，一步一步地，慢慢来。

当我早起的时候，我并没有把闹钟从习惯了的9点直接调至理想中的5点半，而是从8：45开始，下一个星期则试试看8：30，再下一个星期说不定8点就可以起来了。所以，当你想要形成一个新的习惯时，千万不要想着一步到位。我们应该都知道想要晨起跑步是多么大的一个挑战吧，如果把每日一次改成每周一次，是不是会更容易达到？哪怕只是迈出小小的一步也更能够形成任务完成的满足感与更为重要的成就感。

创造习惯信号

有一种说法，大家应该都听过：养成一个好习惯需要21天。真的是21天吗？起初我跟着网络上的视频，挑战了几次连续30天的瑜伽练习，这30天我每天都出现在那块被遗忘许久的瑜伽垫上，可是30天一过，这块垫子就又被我推到角落里了，不是说21天就会养成一个新的习惯吗？是我被骗了，还是我又彻底失败了？

《习惯的力量》一书中这样描述：习惯其实是一个有序的行为，是我们的大脑有意为了节省气力而形成的一系列无意识的举动。例如，上大学以后的十多年时间里，我最大的一个坏毛病便是常常极端地追剧，如果晚间没有什么特别的活动，我一定是抱着电脑在看电影，常常要么因为剧集的精彩很兴奋，要么因为剧情的感人很心疼，要熬夜看到后半夜才睡下。

原来习惯的形成不在于强制地每日练习，而在于自然地听懂信号。对我来说，每天晚间只要没什么事就是一个信号，这个信号让我潜意识地想要放松，而我最习以为常的放松形式便是看电影或电视剧。因为看剧非常地轻松又精彩，于是我感到了愉悦，这下子一个习惯回路就形成了（暗示—行为—奖赏）。可是看剧时的快感并不会延伸到日常生活里形成满足感，于是这种快感常常会让我觉得自己在浪费时间，很空虚。当我第一次意识到这一点时，就好像寻到了解药一般兴奋，立刻就设计了一份属于自己的晨间习惯。

我把练习瑜伽有意地安排在早起以后，目前来说那便是每天清晨的6点钟，这个时间从此变成了我的信号。一点儿都不夸张地说，如今只要看到时间在早晨6点，我的身体便会蠢蠢欲动地想要到瑜伽垫上去伸展操作点什么。当然，同样遵循第一条规则，我第一个星期起床以后做的瑜伽都在20分钟以内，因为时间非常短，可完成性就很高，而每当完成以后，心里便很开心，奖励机制便形成了。

正视失败

当我们努力养成一些新的好习惯时，最常见的现象便是三天打鱼，两天晒网，断断续续，渐渐放弃。我也放弃过非常多曾想要的东西：学习韩语、清晨慢跑等。每次观看过精美绝伦的大自然纪录片，我总是会萌发吃素的念头，尤其是了解到动物工厂的存在，它们所受的待遇、所受的伤害，还有被打的药！可是，我也是标准的无肉不欢呀！所以总是坚持不了两天，我就被鸡腿大排拐骗走了。

《食品公司》这部纪录片的结尾是这样形容我们的购物行为的："你每天都有三次为这个世界带来一点儿改变的机会，即使是一个下午没有吃肉，两个下午没有吃肉，这也是同样在尽一份小力拒绝大批量生产的劣质低价食品，不是只有立刻转型成为一名素食者才是唯一可行或者可被尊敬的道路。"

自从意识到这样的观念，我便不再为自己偶尔失足吃汉堡而自责了，相反，我会因为这一次的"小失败"而意识到自己已经两个星期没有吃肉，从而感到小小的自豪。当然，不是为不吃肉自豪，是为自己坚持了信念而自豪。同样的，幸好瑜伽并非什么奥林匹克竞技类运动，不会因错失了一天的练习而妨碍到夺取金牌的机会，所以我也明白了自己全然以一个爱好者的身份在形成这个新鲜的生活习惯，这下子坚持的意义与渴望的练习结果便全然不同了。

动机在哪里

在正确地爱自己一节，我们已经初步讨论过什么是正确的动机，即学会问自己正确的问题。例如："你每天五点半就起来都做些什么呢？累不累呀？""你练习了那么久的瑜伽，已经是大师了吧？""你写文章是想成为作家吗？"

实话实说，我最初想要五点半起床，并且开始有规律地写作，纯粹是因为人生进入了一个我难以理解的漩涡。我发现自己其实拥有了一切小时候曾梦想过的东西，财务自由却不必富有、旅居欧洲、嫁给精神伴侣等，但是这好像仍然不能满足我，所以才有了下定决心做一点儿什么的想法，没想到这个单纯的"做一点儿什么"，竟然像多米诺骨牌效应一般将我的生活翻天覆地改造了一番。所以，每当不可避免的泄气时光来袭，我总是能提醒自己：幸福不是用来寻找的，幸福是被创造出来的，而最有创意也最有能力创造幸福的人，正是我自己。

日常里的春风

● 早起

我有一个法国朋友，他给自己起了个中文名叫林丹。我们喜欢聚在一起吃火锅，每一次聚会林丹一定会第一个到，当我走进火锅店时，都可以看到他手上捧着Kindle，眉头微锁仔细读书的样子。那时，他几乎用每周一本的速度在读书。为什么我知道？因为他每读完一本书都会发快递寄到我家来。

他寄给我的第一本书叫*The Four-Hour Workweek*（《每周工作4小时》），在我读这本书的期间他像失踪了一样，不回微信、不接电话，甚至邮件也不查看。大概过了三个月，他从机场给我打来电话，说："你来接我。"我在机场找到他时，发现他的皮肤黑了两个色号，看起来黝黑发亮，忍俊不禁。原来林丹失踪的这三个月里去了泰国。他在曼谷学了一个月的泰拳，浑身淤青；之后他飞往日本，参观抹茶种植地；现在的他开了他的第一家公司。

我记得他雀跃的神情和满意的神态。

"那你为什么不联系我们呢？"在为他喜悦之余，我问道。

"因为我每天五点起床，接着跑五千米，然后做训练，之后要么在打拳，要么就在记录创业的思路，手机都要找不到了。"

"你每天五点起床？"我表示不可思议。

"对呀，刚开始真的非常困难，完全起不来，我待会给你看我是如何克服掉这些困难的。"

五年过去了，如今林丹拥有三家公司，发行过一本教授如何骑摩托车自驾游东南亚的电子书。他还是没有变成百万富翁，那甚至根本就不是他的意愿。这一切都缘于他寄给我的第一本书，作者蒂莫西·费里斯这样写到："人们根本就不想要一百万美元，人们想要的是那一百万美元能买到的生活体验。"

他跟我说："读完这本书的第二个月我就辞职了。"他最近又去菲律宾学了潜水，去非洲攀登了乞力马扎罗山，仍然每天五点起床，一直辗转各地边学习边工作，根本不需要办公室。他会不定时地和身边几个好友在邮件里共享近日心态，例如最近他在心态变化里写出了一条：我不需要钱，我有全世界的朋友和亲人，我的银行卡里只需要每个月有300欧的盈余即可。

对了，他的腹肌还是线条分明的八块，但是，他有心脏病。是的，真正重要的是他有心脏病这件事情。他还是青少年的时候就经历过两次心脏病突发，当他第二次躺在救护车上的时候，也才十九岁。在那个时候，他发现自己好像不能像其他同学一样可以活很久，自己好像也没有时间去做很多事情了。于是出院第二天，他便决定办理休学，成为一名自学者。

因为得不到父母的支持也没有经济上的来源支撑，他费尽了一切心思在航空公司求得了一个空乘服务员的工作，毕竟这是实现他"环游世界"最捷径的一种方式。在那个连LinkedIn（领英）都没有的年代，小小年纪的他是如何获得这样一个看上去很棒的职业的？因为感到自己生命的短暂和有限，他变得脸皮极厚。当然在利用了自己家庭及身边所有可以求助的资源以后，他的第一次面试还是以失败告终了。这时的他已经休学，找不到任何其他理由不去为此全力以赴，于是，他先买了个域名，给自己建了一个网站，这个网站的唯一功能就是作为他的简历。这份简历没有长篇大论，没有故事梗概，只有一个视频，主要用来介绍他这个人。视频里的他自信满满，身材虽然十分瘦小，却承诺将会拥有8块腹肌，以此来证明自己的意志力，同时他还鼓励自己每周阅读一本书，并学会更好的视频剪辑技能。第二个视频，是一个正式用来求职的手段，他直接将它发给了人力部门，视频里的他做到了他在网站上承诺的一切，而且此时他对航空服务准则也已了然于胸。他的最后一句话是："如果你们不聘用我，那将会是你们今年最大的损失之一。"

林丹得到了这份工作。他还记得第一次飞、第一次抵达一个陌生的国家、第一次碰到海水涌动的心情。他说："我生命余下的第一天，就是这样开始的。"

原来生活的另一种可能叫——数字游民。

现在回到林丹是如何做到每天坚持早晨五点起床这个问题上来。他当时真的抽了一个本子给我看，页头上写着：五点起床让我的二十四小时比别人平均多了两个小时。接着空白处有无数条被来回修改的笔记，这些条目都是一条条阻碍他起床的理由，也就是他没有五点起来的理由：贪睡？自己为什么贪睡？因为前一晚睡得太晚？前一天太累了？心理不能接受？五点起床太变态了？不符合常规？为什么总是睡得太晚？可不可以早一点儿上床？有太多事情要做？和朋友聚会？以此类推，每一次的疑问，他都会做出相应的解决办法，以此克服自己想放弃的心理。

这种方法可以应用到生活的所有事情上面去，包括近期目标、考研、升职、交朋友甚至是应付失恋。从前的我是一个把早起看作减寿行为的人，今年前三个月我也开始努力尝试养成早起的习惯，在坚持了九十天后，我欣喜雀跃，属于自己的时间也越来越多，是一种极大的恩惠。

那么我是如何顺利地养成这个习惯的？

安排早起的时间

我的早起之路不是一蹴而就的，事实上在最初的几个月里它很艰难，我要么在起不来的挣扎里气馁，要么在起来后的呆滞木讷间怀疑人生，因此我试着给自己设下了一个十五分钟原则，也就是一点一滴地不给自己压力地慢慢来。从八点起床到七点四十五、七点半、七点一刻、七点，然后慢慢地将闹钟继续往前调，直到它来到了五点四十五分。有趣的是，在这一过程里，我发现自己渐渐习惯在闹钟响起以前就醒来。当然，正是因为对早起的自主安排，夜间的活动与休息也在潜移默化中产生了一些细微的变化，我开始有意识地观察自己是如何对待时间的，早睡早起这种对我来说极为陌生的生活习惯，就这样横冲直撞地将我降服。

培养期待感

起床以后的第一件事至关重要。

整理床铺，这个看上去没有什么技术含量的行为，其实是一个非常具有引导性的心理暗示，大脑会因为完成了一件事而得到意想不到的满足感，而且晚上睡觉以前看到整齐的床铺也有一种生活都在自己掌控中的成就感。

如果早早地起来却漫无目的地刷手机，任由世界的支配，那么与我所追求的活力是相差甚远的，因此我将躺在床上刷手机的这个恶习也一并除去。但是我发现，如果只是早起，那么赖床的概率就很大，因此，我会给自己安排一件令我有所期待的活动。幸运的是，这还恰好给了我培养技能的机会，去做一些说了很多年却一直未付诸实践的热爱。而瑜伽于我来说是一个完美的开端，我可以根据身体的状态调整晨间练习的强度，可以舒缓也可以爆破。活动过身体并在一呼一吸之间后，大脑与身体同时得到重启，这让我对接下来要做的任何工作都充满了信心与好奇。

还记得科比对于他球技与成就最出名的一句话是："你见过清晨四点的洛杉矶吗？"我曾经觉得这句话有一种很挑衅的意味，好像四点就起床练习是超人才能做到的事情。虽然说我早起的野心与科比根本就没有任何可比性，但是，如今的我再读到他的这句话时，会恍然大悟，勤奋好学，是任何人都能做到的事情。

● 瑜伽

闹钟在六点半温柔响起，我醒来，翻个身，伸一个长长的懒腰，先生已经出门上班去了。尝试起床的过程一般我都会挣扎着落回婴儿式好几分钟，背部与肩膀立刻感到被拉伸开来，起床的意念也扩张了一些，静置一分钟，最后深吐出一口气，起身接一杯水，把瑜伽垫在客厅铺展开来，这时已经大概7点了，我正式从山式观察呼吸，开始新的一天。这是我开始在家练习瑜伽半年来每日清晨的必修课。

对于有些人来说，瑜伽是严肃而神圣的，追求的是身心合一，但是我切身爱上甚至有些上瘾地在练习瑜伽却不是因为什么了不起的大道理，而是第一次找到练习过后全身到大脑至内脏都被按摩过一般的感受，这也是为什么普通健身运动无法匹敌瑜伽给精神带来的满足感。年少时我也好动，年盛时也曾渴望腹部的马甲线而做过一系列健身，或许是时机使然，正是在我人生最为迷茫的低谷期里，我借着练习瑜伽获得了一些对自己的耐心，懂得了观察身体毫厘的拉扯，那不过十几二十分钟的练习，就能从内而外地将自己洗涤一番。这是瑜伽这个活动本身自带的即时正面反馈。

其实，我练瑜伽的初衷就是按摩自己。作为瑜伽新手，我也曾放弃过许多次，这里想分享一下我是如何把练习瑜伽这件事情变成一种生活的习惯，并且融入人生旅程的每一站的。

起初我也不过是在家里抱着一张iPad大小的屏幕，跟着网络上所能找到的瑜伽视频练习一番。因为花样繁杂又极具挑战的体式特色，我们常常可以看到一些瑜伽达人美出天际的照片，还有那些用常识不可以理解的杂技姿势、华丽的瑜伽服、复杂道具的辅助，这一切都让瑜伽离日常好远好远。我在最初学习的时候却愈发明白，你不需要昂贵的瑜伽垫、时髦的瑜伽服、瑜伽砖、健身球等辅助工具，一样也可以练瑜伽，你只要是你自己，穿着宽松或紧致睡衣的你，一切都不重要，只要你在那里。

魔法是在我练习一个新体式时发生的。当我在做鸽子式的时候，感到腿臀拉伸的不适，出现了要放弃的念头。视频里的老师说"把你的全身都交给大地"，我就感到自己沉沉的身体，慢慢融化在腿部拉扯之间。恰恰在此时，我学会了去观察自己出现这种心情的微妙处，意识到"啊，想放弃的念头出现了"。就这样简单的一次发现使我好像变成了旁观者一样，莫名地就坚持下去了。这种观察自己心情变化的技巧我也大量地用在了生活中，比如有人惹我生气的时候，我居然会像在做鸽子式那样，意识到自己气愤情绪的出现，接着它就荡然无存了，这是除了感觉被按摩以外我觉得在练习瑜伽时最宝贵也是最新的收获。

大概是在自学瑜伽的第四个月，我去了一趟家附近的瑜伽馆，课后与来自印度的老师交流了自学瑜伽的体验。我与他分享了身体被按摩的感受以及观察情绪产生的技巧，他非常认真地听我说话，期间没有任何表情也没有任何认同的肢体反应，我逐渐紧张起来，直到最后话音落下"所以现在我觉得每一刻都是生活的当下，不是抽象地活在当下，而是具体地认识此刻"。他沉默不语，这几秒的时间我大脑高速运转，惶恐又好奇，在我还来不及调整它们时，老师开口说话了："下周你来一趟我们的高级班吧！"

接受瑜伽是一场练习

大约是在自行练习瑜伽的第八个月，我从旅居东南亚的生活里，突然选择只身来到印度，来到全世界最著名的瑜伽城市——瑞诗凯诗，在这个恒河流经的小镇里，我正式开启了一趟了解瑜伽的旅途，潜心闭关学习整整一个月。在去印度以前，不得不说我对瑜伽背后的哲学一无所知，虽然练习以后总是能够感到身心畅快，但是我一直将其作为健身的一部分，而不是现在所理解的生活方式。

瑜伽之所以叫我学会热爱自己，并且愿意拨出时间好好照顾自己，是因为它叫我慢下来。吃饭的时候慢一点儿，认真看看自己在吃的东西是什么，它的口感怎么样？你喜欢它的气味吗？你能听见嚼起来的声音吗？生气的时候是不是可以观察到自己心率的加速、呼吸的节奏、胸口的起伏？能不能够对自己喊一声暂停？如果不能，是不是也不会再责备自己？布莱士·帕斯卡说过一句话："人类的苦难源自无法在一个安静的屋子里独处。"而我突然放心下来了，瑜伽刚好就是要训练我们如何与自己更好地相处。

● 感恩笔记

在旅居生活开始以前，我在德国给当地人上过两学期的中文课。最后一节课上，学生们心血来潮决定在户外湖边的草地上练习中文会话。就在课程结束前十分钟，天空一阵电闪雷鸣，接着是措手不及的风雨交加，我们在慌忙之中互相道别。在一片嘈杂喧嚣的声音里，我分明听到其中一个学生在说："大雨里的湖面尤其地好看。"

这句话很快就被淹没在忙乱的人群中，我抬头看了一眼雨中的湖水，水波渺茫，薄雾轻轻地萦绕在水面，如注的雨滴清晰可见，背景的欧式建筑也增添了一份魅力，真是很美。如果不是因为这句话的提醒，我便极有可能在雨伞下轻易错过这般珍贵的景色。当时我心里激动不已，想起我们面对光阴里的点滴，总是因为习以为常，便破坏了欣赏其光彩的心情。我们习惯每日都有可口的三餐，习惯太阳照常升起，习惯来自身边人的好意，甚至习惯了使用双手、双脚和双眼，以致于长期陷入怨天尤人的负面情绪。

当我意识到自己常常陷入苦恼与抱怨时，我的应急机制是培养一些控制坏情绪的习惯，天真地以为情绪是有可控力的。后来，我找到了一个对自己帮助极大的方法——坚持三分钟写一份感恩笔记，那天大雨里湖面的风景也被我一笔一画地记录下来，成为专属的美丽。

我很喜欢写日记，从小学至研究生的整个学生时代都会随身携带日记本，甚至是在上海与好友彻夜狂欢后的凌晨四点，也会忍不住打开本子胡乱涂鸦几下才肯上床睡下，自觉是懂得记录的美好。但是，除了记录狗血感情的点滴与大量的日常抱怨撒泼，这十多年的日记习惯并没有给我带来一些直观上的启发，顶多是存于流水账与出气筒之间的产物，殊不知在哈佛大学积极心理学公开课上，教授已经用数据证实了书写的疗愈作用。更令我感兴趣的是，我们可以借书写表达感恩。

感恩日志其实就是刻意坐下来，在纸上写下当天很感恩的事情。用笔写下你为之感恩的事物，可以是为自己拥有脚指头而欣慰，也可以是因为父母的健康而欢喜，更可以是为肯多花一些精力在自己身上而心怀感激。这不仅可以强化温暖的内心，也可以给不停抱怨的大脑喊声暂停。

这个获得幸福的方式太简单了，建立一份你的日常幸福档案吧。

● 成为跑者

三十岁以来，生命中的头等大事便是照顾自己。运动健身不仅可以在肉体上强韧我们的力量，更能保持我们心灵深处的清洁，我喜欢的是生命中的活力与双眼发光的生机，与塑形减肥没有任何关系。因此，运动这一件事情便在2020年开始，成为我日常时间安排里享有最高优先级的待办事项。

萨古鲁说过一句话："傻瓜做他们不喜欢的事，聪明人做他们喜欢的事，天才才会学着去享受做那些真正需要做的事。"我不是天才，也不是聪明人，但是，在二十八岁那年我醒了过来，至少视线可以不那么模糊，我知道什么是重要的事情，至少于我而言。其实一直以来，跑步都是我屡战屡败的一个运动项目，我虽然自学了瑜伽、做倒立，却每跑一次断气一次，是的，我是有氧运动超级小白。

在德国生活的时候我就很喜欢和先生去森林跑步，有一次他悄悄地在心里为我设定了新的挑战，10千米。那是我此生第一次用双脚奔跑的痕迹丈量10次一千米的土地，此后的星期六，我一个人出发的时候，没想过目标，也没想过挑战，但在一个月以内我又跑出了人生中的第一个12千米。我这位跑步新手独自跑在第7千米处时想，生命还真的就是不断重新认识自己的历程啊。

我从小便对长跑恨之入骨，少年运动会上我可以是短跑冠军，却是长跑的逃兵，再加上中学时对体育课的厌倦，参加完800米的会考考试以后，跑步这项充满了哲学意义的运动便与我挥手作别了。

机缘巧合地我读到两本运动研究的书籍，这让我不仅关注怎么做，而且是从为什么要做的根源建立基础，从底层增加认知。2018年我读到了一本颠覆我对运动的想象力的书籍——《运动改造大脑》，作者是哈佛大学医学院副教授、临床精神病医生约翰·瑞迪，书中通过实验发现运动不仅强健我们的身体，竟然还会刺激脑干，提供能量、热情和动机，还能调节脑内神经递质，改变既定的自我概念，稳定情绪，增进学习力，换言之，运动尤其是有氧运动，可以让人更聪明。这为我埋下了在做瑜伽的基础上也补充有氧运动练习的种子。

我从三个度开始行动，首先是态度的扭转，从不得不去跑步到感激拥有跑步的机会。

接着，我试着把这项活动变得显而易见。2018年秋天我开始旅居生活的时候，刚好完成了醒awake店铺里的第一款瑜伽黑裤，尔后这条裤子陪着我走过东南亚，回到欧洲，在沙滩、沙漠、高山、平原，都有它的陪伴。当然也因为我随身携带的行李极少，这条裤子不知不觉就变成了每日的主角，我穿着它做瑜伽、做饭、外出、追剧。健身的紧身裤如果质量够好的话，你会有一种第二次肌肤的轻盈感，我喜欢这种感觉，另一层隐喻便是：既然穿着健身裤，那么随时都可以健身了。就像我旅居时也随身带着瑜伽垫一样，那无处不在的瑜伽垫每时每刻都在提醒着我：可以做瑜伽！可以做瑜伽！这自然增多了我练习瑜伽的次数。这种感觉尤其在我买下了一双跑鞋时得到强化。穿上跑鞋，就像是漫步在云端，仅仅是看着它，都会滋生出来一种身份认同感，这一切都刚好发生在最好的时机。

最后，它终将朝着趣味无穷的方向而去。想要养成一个好习惯，它必须令我们有所期待。那么如何在跑步中寻找愉悦感呢？有一个现象叫跑者高潮（Runner's High）。据说跑者因为大脑自产内啡肽，因此会获得一种难以言述的兴奋与快感，一般在跑45分钟后会出现。以前跑步从来没超过30分钟的我，自然是没有体会过的，比起兴奋，我只切肤地感觉到了跑断气的滋味。跑步于我来说变得颇具魅力则是源于以下这三个原因：一是由于2020年疫情在全世界的蔓延，我与先生在德国小镇住下，附近有湖有森林，起初我喜欢每天去森林散散步，后来散步变成了跑步；第二则是因为工作性质，我长时间地坐在电脑或是手机屏幕前，这令我失去了以看剧看电影为乐的兴趣，更经常听播客和电子书，所以每当我想听点什么的时候，我就会戴着耳机去森林里跑一圈，听个三四十分钟，就刚刚好；最后是我先生对耐力训练的痴迷感染到了懒惰成性的我，他跑马拉松、骑百公里的山路自行车赛，当我拿着各种爆文跟他说高强度间歇性运动只要十几分钟效果就比跑步还要好时，他只是淡然地说："有氧训练又不只是为了燃脂。"我想起村上说过："跑步对我来说，不单是有益的体育锻炼，还是有效的隐喻。"这隐喻我先生先懂了。因此，我先生虽然不是我的固定跑友（我们只是偶尔一起跑步），却是我的能量源。

诚然我并没有给自己设下过跑步的目标，更没有买一本跑步指南类的书籍安排跑步计划。我只是借着以上三个借口，大概持续了3个月，在能跑的时候继续跑，不能跑的时候就断着气回到家。

一月份跑了41.11千米

二月份跑了16.47千米

三月份跑了3.63千米

四月份跑了64.9千米

五月份跑了90.1千米

一开始的时候，我每次也就是跑3~4千米而已，便会肌肉酸痛，供氧不足，瘫痪两天。后来我开始以5千米为界限，有时候慢得不得了地拖着双脚跑，有时候则会每过10分钟就拼尽全力冲刺2分钟，那种将一切交出的畅快感就慢慢出现了。真正体会到跑步产生的轻快的感觉实则是4月份的事了。突然有一天，手环提醒我跑过了6千米，那时我第一次感到了自己还可以继续跑下去，虽然我停了下来，却兴奋不已。接着，下一次跑步时这种感觉竟没有消退，而我也惊喜地发现在跑步时不像最初那样只有拖着脚的感觉了。后来就是现在了，我时不时会跑个10千米、12千米，也许距离还会继续延长，但这并不是最重要的事情。我不是一个争强好胜的人，唯一想要超越的只有自己！是啊，我就这样成了一名跑者，并且在跑步中一步步超越自己。

● **阅读**

读书，是为了充实自己。

于我而言，真正的醒悟发生在我第一次选择主动成长，而非亦步亦趋模仿既有社会法则的那年。让人谦逊与好奇的智慧，还有清醒的目光，是书籍带给我的。

阅读是一件与瑜伽一样令我感到强大的生活习惯，毕竟一旦养成了热爱阅读的习惯，人生真的就像开了挂一样胜券在握。这里的"胜"并非马到成功，更不是堆金积玉，既不谈地位，也不论声名，不是口腹的欢愉，而是一种在生活里攫取精髓，时常获得满意情绪的能力。

积极心理学泰斗塞利格曼说："美好的生活是每一天都用你的优势去创造真实的幸福和丰富的满足感。"好的书籍不仅可以帮助我们定位自身的优势，更可以明晰自身的局限。我之前提到过："我想要的很简单，那就是即使我是一个年迈的老太婆，也要做一个笑口常开、时而推翻自己又重建的人。"我们的成长原本就伴随着一定程度的思维固化与认知习惯，很容易不知不觉陷入被外界引导、愚弄的陷阱里，醒着生活，就是要发现自己的无知，看仔细自己的局限。

读书让我醒过来生活，不再是随波逐流，更不被周身所谓的社会期望所绑架。

实则，一想起囊中的那些书籍，在面对生活的一切时，我觉得根本就没有什么好慌张的。第一，有智慧的人是不会失去任何东西的，你拥有完整的自身；第二，生活中的一切好奇与技能，都能通过读书获取，学习这件事情在校园生活结束以后仍可得到令人满意的延续；第三，无论身处何处，你都是一个有趣的人，尤其是于你本人而言。

我是如何做到每周阅读一本书的？

记忆大师吉姆·奎克与他的团队根据亚马逊收录的书目统计（数据是以英语为母语的基础得出）：一本书平均有64000个单词，而普通人的平均阅读速度在每分钟200个单词左右，中文似乎会更快一些，也就是说一个极其普通的人一般需要320分钟读完一本书，而这320分钟放在一个星期，那就是每天45分钟。只需要保证每天阅读45分钟就可以完成每周读完一本书的目标了。听起来好似简单又可行，但是真正做起来你会发现从一天中去寻找这45分钟并不简单，所以如果要保证阅读量的话，那可以给自己定下一个读书的时间表，无论是清晨、午间或是夜间，那45分钟是你与自己的约会，不可推脱。

大致可以从三个方面来着手：

第一，固定阅读的时间。当然，任何理论都需要自己亲自去尝试了才知道最适合自己的实践方式。我有一个很长时间的习惯那就是睡前阅读，但是那种昏昏欲睡的疲倦感使得效率极低，所以后来我的阅读也被放置在了晨间习惯里。

第二，懂得放手。放下是一种需要习得的勇气。我也是最近才意识到自己过去为什么始终不能坚持阅读，这是因为我会同时阅读好几本，但是总有那么一两本不够吸引我，但是我又舍不得放弃，于是一再拖延，最后拖到图书馆借阅过期。心理学上有一个相应的驱动力理论——"蔡戈尼效应"，是苏联女性心理学家蔡戈尼发现的：人们对于未完成的事项更流连忘返，并且坚持一种内隐的有始有终的思维方式，因此就此承认放弃并不是一件容易的事情。可是，在初期与阅读打交道的时候，恰恰要学会放下那些暂时无法吸引你目光的阅读内容，可能时机未到，要先对它说再见。这样既能节省时间，又能节省精力。

第三，一本书不需要从扉页开始一字不落地读到附录索引。我曾难以改掉一个小毛病，那就是非要一页一页地读完整本书才算真的完成，生怕错失了作者的任何一个字。可是，后来发现这样效率极其低下，于是我现在首先做的便是仔细研读目录，推出作者的逻辑，然后按图索骥一般把拼图补充完整。

我是一个普通的读者。向健康科普的书籍学习，让我随时看见食谱可以被改良的细节；拜读社会哲学，让我深度理解世界的运行模式；研读几十本心理学著作，让我学会谦卑，学会与矛盾共存。

因果关系

我们先来回顾一下"因果关系"最基础的定义。在字典中"因果"的定义是：原因和结果，合起来说，指二者的关系；"关系"的定义是：事物之间相互作用、相互影响的状态。举个最平常的例子，根据牛顿万有引力定律，我现在正在进行写作的电脑只会往桌下掉，而不会向天花板发射出去。重力是因，摔在地板上的电脑是果。

塔勒布在《黑天鹅》一书中引用了一个极为经典的例子，是哲学家罗素提出的著名的"火鸡问题"。

在农场里，一只火鸡发现，每天上午9点钟主人会给它喂食。它并不马上做出结论，而是慢慢观察，一直收集了有关上午9点给它喂食这一事实的大量观察证据：雨天和晴天，热天和冷天，星期三和星期四，各种各样的情况。最后，它得出了下面的结论："主人总是在上午9点钟给我喂食。"可是，事情并不像它所想象的那样简单和乐观：在感恩节前一天的9点，那双慈爱的双手变成了屠夫的手。也就是说在感恩节出现前的1000天里，这只火鸡就是人类伟大的头脑——"牛顿"，他观察并总结出了真理，而第1001天的时候，出来了一个"爱因斯坦"。这就是因果关系的缺陷，也是哲学范畴里最火热的讨论方向（塔勒布将这第1001天发生的事件称为不可预知、不可预测的"黑天鹅"事件）。

哲学家休谟也并没有要否定因果关系的意思，毕竟就目前的情况下来看，牛顿的万有引力定律仍然适用，他只是提出了一个问题：这种经常性的联结可以取代必然关系吗？那倒未必。如此看来，下一次朋友圈里的成功学再卖鸡汤给你的时候，或者伪科学满天飞的时候，你可以考虑一下他们口中的因果关系是否真的成立。

● 观点从何而来

不知道大家有没有回想过自己人生到此为止的一些信念与观念是从何而来的？

著名心理学家丹尼尔·卡尼曼提出了名为"系统1"的快思考模式。"系统1的运行是无意识且快速的，不怎么费脑力，没有感觉，完全处于自主控制状态"，卡尼曼在一次讲座上提到，当我们以为我们知道一件事情的时候，事实上这只是一系列我们从自己所信任的人或机构那里得来的信息，源于我们的信任，而类似于怀疑这样的情绪就可以忽略不计。

这在认知心理学上被称为"图式（Schema）"，也就是人脑从小经观察和学习而形成的一张知识经验网络，造就我们对这个世界的认识并形成观点。但是这种自主发生的快思考非常依赖于情感与情绪的产生，而且它出现在一念之间，很容易出差错。事实上心理学家通过科学的研究方法，屡次证实了人类大脑的认知偏见，光是在维基百科上的认知偏见列表就列出了约185个条目（当然有些是冗余重复的），包含"幸存者偏差"以及非常重要且致命的"证实偏差"，糟心的是大多数商业机构以这些缺陷与偏差来开发更令我们上瘾的产品与服务。

●**证实偏差**

证实偏差，恐怕是我们任何一个人都无法逃离的魔咒。正如我坚定不移地支持数字游民的自由生活时，我便会在日常生活中搜集大大小小能够证实我观点的证据，例如，旅行的新鲜、旅居的深度、搭配时间的自由，乍一看之下没有什么可以驳倒这种生活方式的梦幻。

或者在我学习自我管理的时候，非常迷恋一些成功人士的共性，例如早起的习惯。当我听说理查德·布兰森每天5点起床的时候，就不自觉地陷入了证实我自己的假设的陷阱里，殊不知不仅很多成功人士并没有早起的习惯，而且大多数拥有早起习惯的"失败者"也并没有因此而飞黄腾达。证实偏差不仅让我们更容易接受我们原本已有的信念，而且还会有意无意地忽略否定这个信念的任何信息。这便是偏见与顽固产生的根源。或许这也是代沟具有普遍性的原因：中老年人经历了大半生的搜寻证据之后，对自己所持信念更加言之凿凿。

当我在为这个主题梳理、核查时，非常惊讶地发现在网络上，即使是以科普知识为主的平台也仍然存在着一众支持所谓"三岁看小，七岁看老"这样陈旧的认知态度的人，甚至有不少人支持"成年后大脑能改变的很少，性格、天赋、智力等在出生前就决定了"这样毫无科学根据的论调。

20世纪90年代以后，神经科学家、认知心理学家才一致认可大脑神经具有可塑性。什么意思呢？我们的行为是会改变大脑的，例如运动让大脑更聪明，而毒品则绑架大脑皮层，形成上瘾症状。这一发现不仅适用于人类，也适用于动物，下次谁再跟你说"现在学什么都太晚了"，你可以试试用"连动物都不同意你"来反驳他。

固执己见对我们自身认识这个世界是一大阻碍。当我们像年少极其无知时那样以为自己听了一些道理就已经明了这个世界，它会让我们轻易地就掉入别人的圈套。那么在意识到所有人都有证实偏差的时刻，我们可以在下一次看见朋友圈里的谣言时，多一层怀疑，询问为什么，以及试着推导因果关系的逻辑。

● 探索式思维方式

　　心理学家将我们的思维方式分为探索式思维与验证性思维。当我们具有探索式思维方式的时候，事实上也是拥有了当下炙手可热的批判性思维的能力，而验证性思维则是标准的证实偏差的牢房。借用因果问题，回顾幸存者偏差与证实偏差，我们可以更加清晰地思考或者说不那么容易上当了，当然还有助于提高我们的决策能力。

　　反思是一个极为有趣的方法，尤其是当我对某一个观念产生了一定的固定成见时，我都会询问自己：那么反过来看呢？例如最开始我在写关于情感的话题时，无非就是在与自己的偏见进行一场辩论。

　　海伦·凯勒学会水这个词，并亲手感知到水流时，她开始渴望学习，甚至觉得所触及的每个物体似乎都随着生命一起抖动。与偏见的辩论，就好像是海伦·凯勒从沙利文小姐那里学会新词汇时，感受到的"一种因找回思维而引起的兴奋"。

　　这种兴奋，不可辜负。

学会学习

　　著名物理学家、艺术家、诺贝尔奖得主理查德·费曼是历史上最有趣、最有魅力的顶级科学家之一。他在回忆起年少的时光时，总是毫不吝啬地分享他从他爸爸身上学到的智慧。

　　年少时爸爸常常在周末带他在森林里散步，有一次在和小伙伴玩耍的时候他被问道："你知道这是什么鸟吗？"他摇摇头说不知道。同伴兴高采烈地说："那是画眉鸟，你爸爸什么都没教你。"

事实却恰好相反，费曼的爸爸教给了他一切关于知识的智慧，所以小费曼才会说不知道。原来在森林里的时候，爸爸其实告诉过他这是一种叫作"画眉"的小鸟，还分别以葡萄牙语、意大利语、汉语、日语等语言称呼了画眉鸟，但是爸爸接着说："即使你会用世界上所有的语言去称呼它，你仍然对这种鸟一无所知，你只不过是知道别的人怎么称呼它而已。"费曼的爸爸领着他细心观察，这只叫作画眉鸟的小鸟究竟有什么样的特征，都在做些什么？这是知道一件事情与懂得一件事情的巨大差异。

一次我试着和朋友简要梳理一些心理学的研究方法，当我们粗浅地说起生活的随机性与不确定性时，我的意识活动即刻被刺激了，神经元在电光火石之间连通电信号，准确调出一个场景记忆——三年前我和先生乘坐火车去德国南部波登湖度假时读了本书，我记得差不多在穿过瑞士的时候，刚好读到电子的"测不准原理"。

结果说了不到三分钟，我就发现，自己根本不知道什么是不确定性原理，我不过是在人生中的某个阶段，出于一种无法忆起的原始好奇心，翻阅了一本精彩纷呈的量子力学科普读物《上帝掷骰子吗》，还抓取了几个业界相关名词，就以为那个对高中物理一窍不通的自己，竟对于世界的随机性本质有所理解了，简直是异想天开。相对照的是，我在这一年来和朋友聊到心理学或是脑科学时，从名词的通俗化解释、学科的局限性，到理论的前沿解读，以及解决的中心问题，我都可以以自己的方式再现。

学科差异显而易见，毕竟物理学这种属于自然学科的硬科学，不是我们这种普通人随便读一两本科普读物就可以入门的，更何况作为从十六岁文理分科的青春期便与之分道扬镳的文科生，我几乎可以肯定自己对物理是没天分也没希望的。而心理学这种社会学科则不同了，虽然从表面上来看它有巨大的缺陷，因为学术语境与日常用语的相似，令许多人都以为自己懂点心理学甚至读心术，更糟糕的是大量传播的心理学自媒体，往往只是摘抄一个心理学实验或是理论，根本不讨论研究进展后出现的问题以及业界的批评。但是，心理学这个学科比起物理学来说，确实是有极高的自学可行性的，恰巧我最近接触到的一位脑科学教授，便自称他其实不做实验，而是总结同行与前人的进展，试图寻找更多的新角度，这给了我更多的信心。

我多次强调过读书是回报率最高的投资，尤其是对于成年人而言。学生时代的听课与测验大多来自被动的学习，我在这里指的是和我一样的大多数人。离开校园以后，最高效的学习方式还是读书，比起制作精良的视频佳作，或是那种看起来非常高大上的知识输出类博客文章，书籍确实有它的难能可贵之处。

我写过长文，拍过长长短短的视频，也用过限制字数输出为一千字的小红书，虽然直到今日也无法适应任何短视频程序，但我相信自己绝对没错过些什么。除了心情的抒发、散文的诗意，我发现每当我试着想要讲清楚一个概念的时候，例如为什么瑜伽真的可以从生理角度令人放松，例如对因果关系的误解可以带来多大的伤害，那些有所限制的平台，根本就不可能实实在在地让我去推理、去比较、去阐述背景与详述局限，而是不得不精简。在这过程中一般会去掉推理的过程，就导致话说得越来越绝对，观点与事实也混为一谈。我也是在这时才发现自己作为一个输出者的传播途径，是有多么大的差异性。

你可能像从前的我一样，也会询问为什么要读过程？直接给我看结论不就好了吗？全世界的社交网络与快讯新闻也确实在做着这一件事情，将知识简化甚至是纳入消费主义的一个环节，用信息轰炸着我们的日常生活，放大对即时性、新鲜感的猎奇心。其实，如果你只是看到一个标题为《如何快速赚钱》的课程，多巴胺的奖励系统就开始启动了，科技公司与其衍生出来的大多数内容都是被包装过的噪音，最恐怖的是，我们有时候会把这些噪音变成自己的价值，读读所谓的科普短文就以为自己懂很多；刷刷新闻就以为自己很重要；听一节李永乐老师的课，还以为自己会计算核裂变。书籍自身是有极大的局限性的，但是比起通过流行于社交网络的碎片化阅读，或是压缩精简还倍速说话的科普视频，阅读的价值便瑜百瑕一。当然，今天讨论的学习方法是有一个前提的，你至少知道自己将要深度学习的对象，如果没有的话，那么广泛大量地看跨学科的科普，也有极大的好处，唯一的缺点就是大量摄入碎片化知识，容易陷入自己懂很多的误区里。不信你试试看，对享誉全世界最耳熟能详的物理理论——相对论，你到底能否解释清楚？

在我们开始以前，我想先简要分享一下我走过的弯路，是经验也是教训。我曾经花了大量的时间去学习阅读的方法，甚至有一阵子陷入了对工具的崇拜，上瘾一般地搜集各种方法论，从《如何阅读一本书》到《如何有效整理信息》，再到知乎上学霸们的技巧分享。那些耀眼夺目的自创术语搭建着各种模型，迁移进入思维方式，就像灵丹妙药一样，令人看着大呼过瘾。然而抽丝剥茧以后，你会发现，那些闪闪发光的好像科学真知一般的方法论，在实践的时候几乎没有可持续的效果。如果我们从最基本的逻辑来看，抛开那些甚至从未得到过检验的知乎达人"高端大气"的理论，最好的学习方法其实就两个角度，一是时间，二是内化。我们分别从心理学与脑神经科学的角度来探明一下。

● 记忆解密

我们首先来了解一下记忆的运作原理，这有助于我们更聪明地去加强记忆，同时也明了记忆本身的有限性。我们的记忆库并不像监控录像一样，可以按照时间调取查找细节，大脑机制其实自带了一整套涵盖情绪、感知与滤镜的功能。这使我们不仅不可能完整地记得自己一生的经历，在许多时候甚至还会出现脑补的虚假重现。记忆的基本定义很像计算机的运行方式，是指大脑对信息的编码、存储以及提取的一套路径。我们的学习认知过程，就包含了这三个步骤，而对信息的提取能力，自然取决于我们是如何吸收知识，以及用何种方式存储的。

现代人的时间越来越多，生活却越来越累，尤其是大脑的那种疲倦之累，这在很大程度上是一种因为信息爆炸导致记忆力超载负荷的副作用。目前心理学家比较达成共识的记忆运作原理，就是从工作记忆到长期记忆的编码过程。简言之，我们的每一段经历，每一种心情，还有每一件主动观看、聆听、学习的事件，都会最先进入工作记忆。工作记忆就好像是我们在用电脑时所打开的程序，如果一次性运行的资源超过负荷，那么电脑可能会直接宕机，或是CPU发烫风扇疯狂运转，这也是为什么我们在信息时代即使没有什么体力劳动，却也很容易感到疲惫。非常有趣也值得一提的一点是：鉴于工作记忆的主动参与性质，包括你目前正在阅读这段文字的状态，脑科学家目前将其作为解锁意识、心智的重点。

工作记忆可以理解为大脑暂时储存新进信息的系统，之前科学家已经证实我们的工作记忆能容纳的大约只有七个记忆单位，现在的广泛共识是四个组块（chunk）。组块的意思是将新的信息在头脑中形成一个逻辑性、概念性的视野，只有当它变得有意义了才能有效地转移至长期记忆。组块的过程也是工作记忆搜寻长期记忆相关联的点，形成一套有意义的系统的过程，这便是真正的高效学习。也就是说，当我们学习一个新的知识点时，如果长期记忆里空空如也，或者因为知识的碎片化存储，无法有效提取，那么新的知识可能一不小心就又变成了一个碎片化的点，若隐若现地潜伏在你记忆的边缘。例如我在餐桌上的量子力学窘境，就是一次无效学习的结果。长年累月的文科训练，使我连高中基础物理知识都已不再具备，记忆库里根本没有可以调动的相关联的点，因此当朋友追问海森堡的不确定原理时，我也不知道该如何回答了。

长期记忆是一种美妙的存在，那里有知识、经验、梦想，但是也有偏见。更神奇的是，它似乎取之不尽用之不竭。理论上来说，我们有无限"大"的存储空间，从小时候的故事书到第一次与喜欢的人拥吻，到亲眼见到的街边抢劫犯，都被安放在这里，至于还原度有多高，还有待商榷。因为即使是你脑海中的长期记忆，在每次用到的时候，也只能提取出记忆的碎片。大脑最厉害的功能之一就是它的解释性，它几乎会为我们的一切行为与（主动的）想法做出看似合理的解释，事实上，我们每一次对记忆的提取都是一种对碎片重建的过程。对于那些已经掌握的知识，基本不会出什么纰漏。然而如果是对事件事实的提取，那么被大脑重建的部分则是不可察觉的。例如我们和朋友回忆起一件学校里发生过的好笑的事件，对于那天究竟是下雨天还是晴天，记忆可能也会出现明显的差异。

按照记忆的内容特征，现在心理学家又将记忆分为内隐记忆与外显记忆，它们之间最重要的区分在于提取信息时是否依赖于意识的参与。例如小时候在河边学会的游泳，即使长年累月在城市生活不去游泳馆，你第一次看海的时候，全身心的每个细胞都仍然记得游泳的方法，你无需从记忆中提取如何划水，就可以自由地摆腿，这是一种典型的内隐记忆，也称为程序记忆。骑车、弹奏乐器，还有在周末开车时不自觉会往日常上班的路线转弯的倾向，都是在无意识的状态下便可轻易提取的记忆。那些渴望自己通过读一本书，或是看到碎片化的新知识，就可以随学随用的想法，则需要依赖外显记忆，也就是说有意识、主动提取的知识块，例如第二次世界大战的结束年份、同桌的那个女孩的名字，或者是向别人讲述你在过去旅行中的一次奇幻经历。

现在我们知道了记忆的工作原理、分区方式、局限与潜力，接下来，就可以从时间与内化两个角度，分别探讨如何高效地运用自己的工作记忆与长期记忆。

如果我们是在没有监督和考试的前提下进行阅读的话，那么最大的学习阻碍就是分心。当你在读书的时候，可能会突然想起还没领积分、需要去发个朋友圈，或者收到新闻咨讯提醒、点赞提醒等，这一刻你的工作记忆就被打断了，此前工作记忆中的进度条随之暂时归零。遗憾的是，我们往往只会从被打断后的部分继续，而不是干脆重新来过，这样的分心状态，是无法将工作记忆顺利转换为日后信手拈来的知识的。

我在读书的时候会彻底关闭网络。一开始，我还会有一种与世界失联的焦虑，生怕错过什么重要的信息，或者忍不住用维基百科查看新名词，搜搜最新相关研究的论文。结果我发现每次深度读书的时间通常在45分钟左右，最多也不会超过一个半小时，不过是赠予自己完全属于自我的短暂时光。渐渐地，我开始欣然关闭网络，不仅仅是看书的时候，一般睡前的两个小时到起床后的一个小时，都不会连网。

从我们了解工作记忆的角度来看，如果是以学习为目标的阅读，不做到主动的意识参与，那根本就是事倍功半。高效学习的秘诀比我们想的还要直截了当，那就是：集中注意力。因此，不要轻易打断你的工作记忆。无论是初期尝试番茄钟的25分钟，还是凭着兴趣与好奇持续阅读几个小时，都是比边读边玩要来得更有效。

尽管如此，遗忘也是不可避免的。尤其是学语言的时候，那些拼劲全力背过的单词，还是会神不知鬼不觉地离家出走，追也追不回来，大名鼎鼎的"艾宾浩斯遗忘曲线"说的就是这个道理。但是科学家也发现，那些经历过情绪处理的信息更容易被记下来，甚至转换为内隐记忆，无意识地引导我们的行为，例如人类最原始的恐惧就留存在大脑的杏仁核里，在我们听见草地里"嗖嗖"的声音时，会先跳起来再考虑是不是真的有蛇。这虽然不是我们今天讨论的重点，也可以给我们某种启发。

总而言之，那些不被重复、不被提取、积满尘灰的知识点，恐怕就无止境地漂浮在这记忆边缘。"遗忘曲线"为我们揭示了一条与时间相关的线索：重复，就是间隔复习你所学过的内容。这也关乎我们接下来的学习方法：内化。

高中毕业的那年我报考了英语系，学校里的学弟、学妹还有我爸爸、妈妈的朋友们都跑来很客气地询问：怎样才可以学好英语？我不是那种天生的三好学生，所以面对咨询，我只能硬着头皮挤出几个点子：多看原版电影、多听英文音乐、重复词汇表。实话说，十七岁的我在三线城市的郊区长大，完全不知道自己为什么能流利地说英语，也才发现，原来不是每个学生都可以顺利地用英语表达的。后来我在编排英语口语课时才发现，我之所以能很轻松地学好英语，并且在二十六岁时以六个月的时间就拿下德语C1证书，其中的方法是有迹可循的：与自我的相关度。

● 私人订制

我是文科生，研究生的专业是新闻传播学，在某种程度上来说对世界、对人物有一种天然的好奇心。我会非常主动地去吸收一些与我有关，或者说是我觉得自己希望可以顺利表达的内容，然后乐此不疲地在任何我可以使用的语境下去表达和输出。虽然现在看来绝对是浮于表面的学习，但是就以词汇为基本单位的语言技能来说，这是一个小小的优点。

输出作为学习的一个环节，我相信大家都不陌生，有点惭愧的是，我还是在去印度学习瑜伽的时候，才猛然意识到输出的重要。事情是这样的，虽然我是充满热情地在练习瑜伽，但是我并不算是虔诚的瑜伽练习者，也就是说我去印度的瑜伽学习不含有任何的目的导向，有一种突然发生了的意料之外的快乐感。我很快就发现了自己态度的缺憾。当时我观察了一下所有的同学，问题源源不断、充满了好奇心的他们，都是认认真真学完以后要专职做瑜伽或者理疗老师的，这时我才发现想要高效率地学习其实很简单，把自己的"学生心态"调整为"老师心态"即可。后来我也抱着不仅自己做瑜伽，也想教授身边朋友做瑜伽的心态去学习，需要我解决的问题、探索的话题就源源不断地冒了出来，其间夹杂着一些挑战，还有一种可遇不可求的兴奋。一旦我们抱着将要传授于他人的想法去学习，那我们便会问出更好的问题。

看书也是一个道理，把学习的内容当作是你需要向他人说明白、解释清楚的对象，就会更有效地消化，这也是坊间流传最广的"费曼学习法"。虽然他自己从来没有直接列出一套学习法则，但是费曼精彩的一生，已经是最好的注脚了。

生活当然不是全部由学习构成，现在我们理解了记忆与学习的基本原理，不仅在有意识地获取信息时多了一分清亮的目光，更惊喜的是，哪怕回到日常，认真地去生活，竟然也会增强我们的学习能力。下面是两个简单易行的生活方式小秘诀：

睡眠

好好睡觉！缺觉不仅毁情绪、伤身体，还会降低智力。在快速眼动阶段，我们会做许多梦，这对于开发创造力非常有效，这个阶段我们还会"复习"白天学过的知识。你在睡觉的时候都在不自觉地学习，此话不假。

运动

运动对身体的好处无需赘言，而如今脑科学家的研究方向恰恰转向了运动与大脑的关系。记忆在大脑中的定位先暂时锁定在边缘系统中的海马体，根据脑神经科学的研究，海马体有着关于短期记忆、长期记忆以及空间定位的作用。一般来说，成年人在二十五岁时的脑细胞数量会达到巅峰，接着便会每年减少0.5%~1%。当然我们这一生都会持续产生新的细胞，但是细胞死亡的速度远比新生的速度快，而大脑中至关重要的海马体每年也会缩小大约1%。研究结果显示，在一年内进行耐力训练、有氧运动的人们，海马体不仅没有减小，反而增大了2%，哪怕只是每周三次，每次四十分钟的散步也会有明显的益处。

这篇文章没有和你聊思维导图，也根本没有提及什么读书方法，这是因为我并不认为一套系统就可以达到理想的效果。即使是一个训练有素的科学家也没有办法给你一颗万能药，我尊重一些达人的系统方法论，但是与其把方法当作一个需要被完成的清单列表，不如以时间与输出作为两个基本原理，探索出最适合你自己的过程，这才是最高效的学习方法。

查理·芒格说这世界上只有两种知识：一种是真知识，来自那些投入了大量时间和思考以获得知识的人们；另一种叫"司机的知识"——关于德国著名物理学家普朗克的故事。我把这个小故事作为我们今天警醒学习的收尾：

马克斯·普朗克在1918年荣获诺贝尔物理学奖，此后便到全德国四处做演讲。他的随行司机渐渐对他的报告越来越熟悉，便斗胆提出建议："教授，你老是做一样的演讲，也够无聊了，下次在慕尼黑干脆让我来代你演讲吧！"普朗克的司机就这样一举登上了讲台，一字一句地重复着普朗克的量子力学长篇报告，而普朗克就戴着他的司机帽，坐在最前排。演讲结束后，有一位物理学教授举手提问，虽然司机根本不知道量子力学是什么，却能见机行事："没想到在慕尼黑这样的大都市，还会有人提出这么简单的问题，我就让我的司机来回答这个问题吧！"

生命价值

我是一个没有远大理想的人，二十八岁第一次认真坐下来思考自己想要什么时，只有一个想法：如果一定要说我有什么野心的话，那大概便是持之以恒地把生活过成自己想要的样子吧！那时的我已经裸辞了两年多，婚后一年左右，财务刚刚达到自足，生活在青少年时的梦想地——德国，却陷入了成长路途中最黑暗的一段时光。我坐在当时家附近的城市广场上，心想，如果真如人们所说"这世上只有一种成功，那便是按照自己喜欢的方式度过一生"的话，那么，我岂不是已经挺成功的了？只是，为什么我不快乐呢？或者换一个表达，为什么我没有感到满意呢？

成功学是英文世界里self-help类别的国产变异，即"自助"，中文语境的成功学更多只属于self-help语境中一个有明显目的指向的狭隘面，即"学习如何成功"。作为一个来自20世纪30年代的舶来品，成功学并没有一个明晰的定义，大致可以理解为运用世界顶级人士证明有效的成功方法帮助个人进行自我管理。国内社会对这个话题态度的转变也十分有趣。成功学鼻祖卡耐基于1936年首次出版图书*How to Win Friends and Influence Other People*，直译是《如何赢得朋友，获得影响力》（暂且不讨论书里的内容）。就这样一个极具功利性的社交书名，1998年我国第一次引进时，给了它一个漂亮又有内涵的中文翻译《人性的弱点》。二十多年后，当华裔Youtube联合创始人在讲一段硅谷梦时，你会发现该书的书名突然变成了《20个月赚130亿》这种博人眼球的一次性消费标题。

我们生活的环境是这样的：机场书店最显眼的位置一般都是以马云或者另一个批戴着闪耀头衔的成功人士为封面的"商业经"，朋友圈里充斥着无数月薪从5千到5万的蜕变故事，随处可见"不懂理财，财就不理你"的投资课的广告，好像你只要读了某本书，报了某个班，就能一跃而上，跨入人生巅峰。

成功学本身没有错，但成功学最危险的地方不在于它让人充满希望，而是让人简化这个世界的规律。它有一个本质上的缺陷与一个严重的逻辑错误，缺陷在于默认世人对成功的定义相同，而逻辑错误则是利用倒推计算出最牵强的因果关系，最常见的例子便是列举名人，根据已知的结果，即对方成功了，倒推他成功的原因。然而事实上这世界上的一切成功都偏向于机缘与运气，我们即使刻意练习1万个小时、10万个小时，也没有办法控制时运。

2012年我在新东方教英语写作的时候，就为学生们整理过一些成功人士共通的品质。无论是古代圣贤孔子，还是天才豪杰莫扎特，要说他们怎样才获得成功，可能连小孩子都很清楚：坚持不懈、勇敢无畏、高瞻远瞩等等。他们说得没有错，不过更为重要的是我们忽略了两个非常重要的前提：首先，成功的因果关系是否真的如小学课本那样显而易见？其次，我们有没有考虑过失败者，那些不曾被世人提起的众多无名氏，他们是否与世人称道的成功者拥有完全一致的性格特征？这是我们作为普通人在日常生活中最常犯的一种思维错误，即"幸存者偏差"。

两千多年前，著名的古罗马思想家、政治家西塞罗就讲述了这样一个故事，传教士拿一幅画给无神论者看，画上是一群正在甲板上祈祷的教徒们，传教士说："正是因为我们向上天祈祷，所以才能在随后的沉船事故中存活下来。"他的意思是说没有淹死的人正是因为祈祷而得到了上帝的庇佑。无神论者问："那么，那些祈祷后但是被淹死了的人们的画像在哪里呢？"淹死了的人中也一定不乏虔诚的拜神者，而死去的人无法出庭作证。这个道理很简单，却被我们在日常生活中一次次忽略掉。例如烟民总是会举例说明隔壁老太90岁高龄依旧烟不离手，那么自己抽烟也不会出什么大问题。已经被科学家证明的事实，就这样被对尼古丁上瘾的吸烟者给自圆其说、一笔勾销了，那些因为吸烟而罹患癌症所死去的大量样本，自然是无法站在你面前劝你戒烟的。

这个世界的成功者与失败者拥有的特性与习惯在大多数时候都是相同的，因而我们在关注成功者的成就之时，同样也不能忽略失败者的辛酸。

● 是谁的成功

阿兰·德波顿在2009年的TED演讲上分享了一次名为《温和的成功哲学》的演讲。德波顿指出我们当今社会中那种折磨人心的焦虑感源于我们身边无处不在、无孔不入的势利鬼，是"他们"的期望与不屑将我们推向彷徨、无助与自卑。现今部分影视作品和媒体报道的焦点把成功的概念用一种可视的形象展现出来，注定会把年轻人推向误区。我们对成功的想象从小便来自他人，从学生时代老师口中的北大、复旦，到社会上的职场竞争，你才发现，那个能够从日常的各个角度展现"我有钱"的人应该就是成功的人，因为对方的财富必定与对方的能力相关。真的是这样吗？

那么，究竟什么才算成功呢？这个问题本身是没有任何明确定义的，成功这个话题本身其实是依赖于场景、价值观与审视角度的，它作为一个词汇被滥用的概率太高了。事实上，我们在日常生活中感到焦虑与不快，大多来自对"他人成功"的不安，现代科技更是前所未有地利用多巴胺分泌，让我们如上瘾一般地去沉浸在快消的娱乐与信息中，去看到很多我们本无需看见的所谓"成功"：一夜爆红的网红，月入5万的"90后"，换了第3辆保时捷的老同学。我们似乎比任何时代的人们都更拜金、更物质、更贪婪。但这算是成功吗？恐怕我们真正想要的并不是那双绝版的球鞋、最新的苹果手机，不是去网红咖啡厅打卡拍照的下午，也不是朋友圈的第100个赞，我们想要的不过是他人的认可与赞叹。

德波顿调侃至极地在演讲中说道："下一次当你看见一个开着法拉利跑车经过的人时，你不要自以为这是一个很贪婪的人，而要说'这真是一个无比脆弱又缺爱的人啊'。"恐怖的是，当我们不断追求别人眼中的成功时，我们便在不经意之间变成了最喜欢评判自己的势利鬼，有时候也会殃及身边的人，以势利的眼光处理人际关系，给社会造成更大的痛苦，毕竟这个世界上有谁比我们自己更了解我们的缺点、难堪和伪装呢？简言之，追求社会定义的成功会让我们变得浮躁、焦虑，最终成为一个可怕的势利鬼。

● 成功与幸福无关

心理学家李继波与同事的研究发现，金钱在个体低收入水平下与幸福感有显著正相关，而当收入达到一定水平以后，金钱与幸福的关系很小甚至没有关系。好莱坞著名喜剧演员金·凯瑞曾说："我觉得每个人都应该体验一下腰缠万贯、名利双收的感觉，我希望他们可以得到一切他们曾渴望过的东西，这样他们就会知道，这些东西都不是人生的答案。"

极度的贫穷当然也会带来更多的病痛与苦难，但这个世界上的绝大多数人都处在中等收入的水平，也就是说，绝大多数的人都处在一个金钱买不来幸福的状态中。糟糕的是部分自媒体文章不断鼓吹：那些有钱、有势、有名望的人都是幸福快乐的。以相同的逻辑我们可以推断：成功的人都很幸福。但是可能不那么显而易见的事实是：普通的人也是很幸福的。

那么，在我们将成功放下以后，应该去追求一些什么呢？我亲自试验过的追逐成功最有成效的方法便是：取消关注那些给我带来焦虑感的自媒体和大V，尤其是大量推送好物推荐的博主。我和导师塔勒布的观点一样："没有比过度精致更可怕的了——无论是衣服、食物、生活方式还是举止。"生活里不需要那么多最终将积满灰尘的好物，至少在我的生活里不需要。

过去的这一年多，我完完全全地生活在自己曾经梦想过的生活里，旅居世界、财务自由，还拥有一段相互理解、独立信任并甜蜜的亲密关系。但是就如金·凯瑞所说的那般：得到你最想要的东西，也不是人生的答案。我只能斗胆以自己的经历与思考向大家提出一些建议，这是我现在最诚恳的想法。

做自己

爱默生有一句名言我十分喜欢，无论换了多少个随身携带的笔记本，我都会在第一页先默写一遍：

在一个千方百计想要把你改变的世界里，保持自我是你能做出的最高成就。

做自己听上去很励志、很鸡汤，但事实是：如果我们不知道自己是谁，不确定自己的价值观，做自己也不过是一句轻易就可以被利用的广告语。在我微不足道的生活里，我至少认清了一个极为关键的道理，那便是：找到自己最准确的方式，就是创造自己。

或许"按照自己喜欢的方式度过一生"是不坏的建议，但是爱默生道明了这种坚持的前提，那便是：这个世界不会轻易放弃对你的改造，你的周围会充斥着势利鬼，他们有可能会让你软弱下来。但是相信我，你越是朝着自己的定义前行，势利鬼越追不上你，他们都忙着去比较、去奉承、去焦虑啦。最重要的是，在生活里面对你前行的阻碍不要有丝毫妥协，知道自己向往生活的模样是一回事，证明自己有意志把信念付诸行动则是另一回事。

体验生活的留白

过去几年来我试图自己为成功下定义："成功就是活力与双眼发光。"然而我们这一生怎么可能随时都充满了好奇心与生命力呢？在活力与好奇之间，还有大量的空白，而与这些留白的相处方式，可能才是决定我们内核是否幸福的真谛。没错，我们可以在无聊的时候约着与朋友见面，去购物、去喝酒、去跳舞，怎样都好，但是我们可能不久以后就会发现，在购物、喝酒、跳舞的时候，又出现了难以捉摸的空白！那就在生活的间隙停下脚步，观察自己心中的情绪、呼吸的节奏，或者只是以自己熟悉的自省方式体验空白。

追求行动

这世界上有无数个"错把平台当本事"的势利鬼，他们表面光鲜亮丽，而一旦他们的财富名望积累到一定的程度，社会便会扭捏作态地去奉承他们的"成就"，哪怕这成功的背后与努力、能力毫无瓜葛。事实上，在我们如今生活的时代，不需要被幸运女神青睐，也可以获得自己定义中的成功，这块蛋糕很大，也许80%的人只能分到其中的20%，这个比例仍然可以给80%的人带来足够的满足与快乐。

"我这一生并没有太多想法，大部分时间都是在行动，看看自己做了什么，做完之后又会变成什么样的人。"——雷·布雷德伯里曾经这样自勉。下次管他什么自媒体还是传统媒体宣扬某个知名人士的成功时，你至少可以得意一笑：你懂我想要的成功是什么吗？哼！

我们来总结一下：我们可以确定的是学习自我管理本身没有错，它在某些条件上可以成立，但是绝无严谨的逻辑。其次，心理学家反复进行实验证明"成功"这个概念本身对我们的一生是没有什么持续性正面影响的，它既不能带来虚无缥缈的幸福，也带不走人类不可遏制的苦难，反而产生了更多的焦虑，带来了无数的悲剧。最终，我私自为自己做了成功的定义，并且笃信"行动胜于结果"的人生信条，从间歇的自我贫瘠到精准的极简主义，为自己亲手创造幸福。一个人一旦找到了意义，那么他不但会感到幸福，还会具备应对磨难的能力。

最后我想送给大家一段话，来自比尔·盖茨的妈妈——玛丽·盖茨，她在一次董事会发言时说："我们这一生最重要的是，每个人都应该先定义属于自己的成功，当我们拥有了对自己的这些期望时，我们便能更容易实现它。到最后最重要的不是你所得到的，甚至也不是你所给予的，而是你所成为的那个人。"

极简主义

第一次接触到极简主义大概是四年前，好友的法国室友本杰明准备搬离上海前往纽约开始新生活，我们前去送机，依依不舍，临别时我问他："托运都办好了吗？"他有点挑衅地用一如既往的法式微笑回答："没有托运，我的行李都在这里。"我朝着他手指的方向看去，发现不过是一个超大号的旅行背包而已。"你是说这个包装满了你在上海生活这些年的所有东西？""Oui,oui（是，是），还包括来上海以前的所有家当。"看到我难以置信的神情，他说了一句我一辈子也忘不掉的话："我在许多国家生活过，每一次搬家都让我意识到自己赖以生存的东西越来越少。"回家的路上，我一直在咀嚼这句话，也为此前没有和他更深地交流过而感到有些遗憾。一开始我想，可能因为他是男生吧，他需要的东西本来就比较少。这个问题让我第一次决定睁开眼，好好审视一番自己房间里所拥有的全部物品，如果我要搬家的话，我会需要多少个像他那样的背包？还有，如果我也用他那只随身背包来打包开始新生活，我会装一些什么东西进去？这让我回忆起大学毕业时从成都往家寄去的十来箱物流快递（诚然我是寄了被褥这类大件物品的），而在搬到上海继续念书的那几年，那些曾寄回家的物品又有多少是真正被我带在身边继续使用的呢？

那段时间刚好是"断舍离"的火热时期，我毫不犹豫地搭上了这趟潮流的顺风车，信誓旦旦要成为一个像本杰明那样清醒洒脱的人。于是，我对家里堆得到处都是的物品展开"丢丢丢"模式，刚开始自诩为极简主义者的时候，我扔得还算舒畅，衣柜里20%的衣物送给了身边的朋友，捐掉或是卖掉了80%的纸质书，扔掉了大部分早已过期的化妆品，清理掉家里四处摆放的莫名其妙的陈设品。

可是，渐渐地我就走进了死胡同，买了新的东西就会开始自责："不是说好要做极简主义者的吗？"不只是身边朋友的玩笑，即使是我的内心，也会因为做了不恰当的消费而谴责自己。意识到事情有点儿不对劲的是有一天，彼时还是男朋友的他打电话问我："我的头盔跑哪去了？"

"什么头盔？"

"自行车头盔，一直放在衣柜角落的。"

"啊！我卖掉了。"

"你什么了？"

"我在闲鱼上卖掉了。"

"……"他没有说话。

"注意安全。"

"……"他还是不说话。

"我挂了。"

后来，我们重新买了一个山地车的头盔，因为住在上海没有太多的机会可以骑车，所以头盔才被一直放在角落里，当他搬回欧洲以后，我才发现那顶曾被我随意卖掉的头盔的价值——每周都在为我保护他。

极简主义就是什么也不买吗？从胡乱地扔扔扔，到克制着什么也不买，我好像莫名就把自己逼到了角落里，甚至在老妈发信息来问候时委屈得哭了起来。"还好吗？怎么一整个冬天你和他都只穿同一件大衣？妈妈给你们买件外套吧？"我含着泪说："我们不需要。"哭过以后才明白我好像是把极简主义与贫困生活混为一谈了，我疯狂地追求极简，把所有物品当作敌人来对待，随时战斗确实慢慢拖垮了我，于是在搬到德国的第一年，被身边朋友唆使做了一阵代购的我缴械投降，加入了"买买买"的阵营。说实话，能像我这样在极简主义的大道上越走越歪的人，应该真的不多！当然，幸运的是，这种通过买买买得来的快乐，来得快，去得更快。

那我有没有做对一些什么事情呢？反思一下，幸好还是有的。

认清广告的模样

记得我当写作老师时，有一位混血的大美人学生是Ins上的小网红，她给我翻看了自己经营的账号。当时凭着几万的关注量，她便受到了许多时尚单品的青睐，那些品牌方会直接把产品寄送给她，并且付一定的酬劳作为广告宣传费用。这种网红经济在现在屡见不鲜了，但是那时她也坦言道：任何产品都会发布出去，即使是质量很糟糕的单品，因为加上滤镜拍出来的照片就很好看呀。此后我对任何广告植入都会带有一点儿戒心。

所以，有意识地留心到广告的存在，是我迈向自立思考的第一步。物品是一面能映照出真实自己的镜子。如果我们只会追随潮流或者陌生人，那家里岂不是摆满了别人的镜子？怪不得我们总是感觉迷茫，生活没有方向也没了目标。于是，我开始反思自己与物品的关系，留在身边的不应该仅仅是随时都会用的东西，也还应该有可以给我的生活带来价值的东西。

毫不费力地存下来许多钱

当我开始有意识地留意身边出现的广告时，也是我正式掌控了怀里钱包的时刻。例如，我以前特别喜欢买包，那种不算贵也不算便宜的斜挎小包，自己在上海生活的那几年居然拥有15个以上，而平时最爱背的只有那个最能装的黑色简单款。于是，把不常用的那些送人或卖掉以后，我发现自己不再那么需要新的包包，这一个小小的行为转变就为我每年省下了好几千块。而在过去的两年里，无论什么穿搭，一个黑色的帆布包顺理成章地成为了我的最佳拍档，好洗好装好方便。

当我们开始审视自己的购物与物品支配习惯时，存钱这件事情根本就是毫不费力的结果，拿着存下来的钱可以在国内游玩、去东南亚冲浪、向欧洲进发。这些钱不再变成沉积在家里某个角落积满灰尘的物品，也不是买得太贵根本舍不得用的宝贝，而是属于丰富自己一生的经历。

保护环境，比想象中更有满足感

如今，当我想要买一件物品时，总是会先问自己：这会给我带来什么价值？更漂亮是价值，所以极简主义并非就与装扮无缘；更健康也是价值，所以极简主义也会囤积有机食粮；更幸福绝对是价值，所以极简主义也能懂得仪式感的风情。而当我们在做消费者时，如果能够被授予公开透明的产品信息，能够懂得生产一件产品或者清理一件废品所需的地球资源，那么更环保是不是会使内心添置一层满足的愉悦？

当我发现自己不需要那么多防晒霜、洗面奶、面霜、晚霜时，那一辈子少买的几瓶洗发水外包装塑料加起来，也可以到月球走一趟了。如果每个人都肯少买那么一丁点儿，不因为它在促销就盲目购买，不因为它现在看起来很流行就跟风购买，那地球所承受的压力会不会就不那么大了？

更聪明、更清醒

极简主义不仅是针对我们所拥有的物品而存在的一种哲学或是艺术，我们的思维与思想也常常需要极简的能力。虽然对这个世界充满了好奇，二十五岁以前的我却总是活在一片混沌之中，我看的书、电影、纪录片，内容涉及宇宙、地理、历史、语言、环境还有动物！天啊，它们都太有趣了，我的时间却那么有限。花上一阵子了解了一些哲学，又用了一些时间读了一点儿宇宙，再挤出一些工夫阅读一些文学，和许多人一样，我好像知道很多东西，却又什么也不知道。

于是我决定精简自己的学习。先要承认自己是不可能像达·芬奇那样成为文理通才的。我只不过是一个普通人，在这个世界摸索着寻找自己的方向与意义。也是在这时候我明白过来，我不想成为一个成功的人，只想成为一个有价值的人，于是，我终于敢把自己学过的东西记录下来，分享出去。

尝试极简生活，比起说懂得爱自己来说更是一个了解自身的过程。极简主义就好像练习瑜伽，是一种生活方式，当下的自己也肯坦然地抛弃"极简主义"的标签，倾听内心的渴望，而不是照着理想中的北欧风格硬生生地创造出来一种极简的风格。不过它为我们的生活提供了另一种没有标准答案的选择，在这个富裕的时代，大家都懂得越简单越美好的道理，却忘记了家里心里堆积的杂物早已淹没了这种小确幸。

爱自己就不要让身边堆满垃圾——即使是要价两万的奢侈品名牌，如果不能给你带来任何价值，也是垃圾一枚。

活在当下

十七岁时重读《小王子》，我被小狐狸的话感动得一塌糊涂："你下午四点钟来，那么从三点钟起，我就开始感到幸福。"德语里对此有一个名词叫"Vorfreude"，说的就是这种期待的喜悦感。如今十多年过去了，我不再同意小狐狸的浪漫了，虽然期待中的喜悦弥足珍贵，但是它承受了过多的代价。正如小狐狸自己所说的那样，"到了四点钟的时候，我就会坐立不安"。

我发现期待幸福的代价是错过时间。如果将某一种心情寄托于未来将要发生的不可控实体上，那么当下或许更显得潦草且漫不经心。与其把生活交付给一个未来可期的盼望里，不如先认真看一下这一秒的自己。

我在巴黎小住的第二个星期一，和两个女孩约好去爵士酒吧。虽然是一个生活中再熟悉不过的场景，但在我搭上7号线地铁的时候，内心热血沸腾，嘴角忍不住上扬，直接在地铁上笑了起来——是咧着嘴，可能还含有一丝泪光的那种笑。坐在我对面的两位乘客，目光与我交集时，竟也笑了起来。真是奇妙！是啊！我现在是在巴黎呀，走过横跨塞纳河的圣米歇尔桥时，望向远方被灯光渲染得金灿灿的埃菲尔铁塔，我深吸了一口气。那家酒吧刚好是全市最著名的爵士乐迷聚集地（《爱乐之城》曾在这里拍摄），又刚好坐落在巴黎圣母院旁，穿过一个个游客的好奇的目光，我们在巷子里碰头。这样的场景在今年同样发生在柏林、布达佩斯、雅典、广州等地，我以一个过路人的身份，迅速混入当地人的生活里，像他们一样，买菜做饭、喝茶品酒、交友谈心，像极了聂鲁达笔下的那个海员，与一座新城市接个热吻，就匆匆离去：

"没有什么能将我们绑在一起，

更没有什么能将我们系在一起，

我喜欢海员式的爱情，

接个热吻就匆匆离去。"

当我在一个地方住下，暂时剥离掉了数字游民的生活状态，生活趋于平静时，有趣与无趣的界限便不再那么明了。我暂时不再被琐事烦恼，被新鲜分散注意力，不用安排接下来的行程，也不用每隔一个星期或者一个月就要去熟悉一个新的街区。是啊！我该如何打发那阳光直射下的大把光阴呢？打发？这个词闪过脑际时，我惊了一下，思考日子是如何在推进的。我不是沉溺在对过去的缅怀之中，就是在憧憬将来会发生的故事，那么现在呢？

我自从看过《死亡诗社》这部电影起，拉丁语"Carpediem"便渗入了骨髓，甚至一直以来都自称是一个"活在当下的人"。这个理念乍看之下清晰明了，不就是把身心都交给当下吗？但它究竟是什么，要怎么做，我还从未思考过。活在当下在中文的语境里总是被"及时行乐"覆盖，而及时行乐又是一个天生的浪子形象，好像只要去享受就可以活在当下了。于是我在上海生活的时候，仗着自己年轻气盛，肆意地跳舞，在街头狂奔，大胆地去爱。这听上去挺不错的，但是跳舞的时候，我总想着待会儿去另一个DJ的场子；狂奔的时候，我只想着到达的喜悦；恋爱的时候，我又患得患失，精神涣散——这不是活在当下。这叫"心不在焉"。其中"焉"这个字，就是"这里"的意思。

"心不在焉""视而不见""听而不闻""食不知其味"，仔细想想，这根本就是我过去二十几年来的日常：小时候盼望长大，读大学时期待毕业，工作以后渴望成功，就连旅居世界了，也只想着去更多的地方。

斯坦福大学心理学家菲利普津巴多教授有一个时间视角的概念：过于沉浸在过去的人更容易抑郁，而习惯向前看的人更容易焦虑。不过，不可否认的是，如果我们用享乐主义的视角去看待当下，虽然此刻的幸福感比较高，但是更容易出现成瘾的行为，如吸烟、酗酒。因此，活在当下并不是指我们今天就要花光所有的钱，去尽情享受，满足即时的欲望，平衡的时间视角也许才算是最优解：既不错过当下，也不盲目追寻属于未来的某种体验。活在当下其实比想象中更简单：

吃饭的时候只吃饭，朋友说话的时候认真聆听，音乐响起的时候与音符拥抱，仅此而已。

科学家发现我们的脑海里一直存在着一个低频率的喧嚣，它是每个人都拥有的一种内在的噪音，其实是脑细胞自发活化的现象，我们大多数人的行动都被这个噪音所驱使，也就是在做一件事的时候，总是想着别的事。在家看电影的时候刷手机；吃饭的时候想着饭后的甜品；读这篇文章的时候，又想着跳出去刷刷其他新鲜事。这是正常并且符合自然规律的现象，可正因为如此我们才会失去越来越多的注意力。

从印度学完瑜伽以后，我和几位同学在接下来的旅途中聊起天来。"我突然明白为什么在学校里的那段体验那么不可思议了。"捷克男孩说，"因为我每一刻都在那里，我的身体在那里，我的心思也完完全全地集中在那里。"

我恍然大悟，原来这就是活在当下的感觉。我们每天起来喝一杯热茶，接着花一个多小时的时间观察呼吸，吃饭的时候从气味、颜色、口感等方面来做体验；练习体式的时候全身心地投入，老师说的每一句话我们都认真地聆听，生怕错过一丁点儿知识，或者是与他辩论的机会。

为什么旅行让人上瘾？为什么我可以旅居一年？因为它正是一种完完全全体验当下生活的感觉。当我第一次、第二次、第三次路过埃菲尔铁塔的时候，我的精神高度集中，大脑高速运转，可是当我第二十次、第五十次、第一千次路过埃菲尔铁塔的时候，我是不是还会转过头去再多看一眼呢？最重要的是旅行不断给我们提供新鲜感，让我们没有太多机会沉溺于大脑的喧嚣，可惜的是它始终是个外力，我们不能总是靠外物来寻找内心的平衡，寻找真正的幸福。

那如何由内而外地活在当下呢？我决定，首先要学会如何与自己相处，安静地相处。

● 自省

清空自己看似无聊却富有挑战，在原地静静地坐着可比不上刷个半小时的短视频有意思。但是半个小时以后你会发现，这样会让你头脑更清晰、充满活力，而刷社交网络则常常让人陷入空虚与比较，陷入一事无成的自卑圈套里。我花了很长时间才学会放下手机。

自省的时候我们应该想什么呢？还是什么都不想呢？当你闭上眼睛，你立刻就可以听见脑海里的噪音——我们正是要与这些思绪、噪音相处。而那一刻，正是我们从一次次走神、思绪乱飞之间，回到此刻来，回到旁观者的角度来的那一瞬。想要完全活在当下，是不可能的，如果我全心全意去感知现在敲下这行文字的键盘，一笔一画地欣赏每一个汉字的构造，那日常生活几乎都无法顺利完成了。我们自省不是为了消除噪音，获得永恒的平静，而是当不安、焦虑、愤怒等消极的情绪出现的时候，我们懂得做那个观察者，跳出自己的思绪，来到此刻。

● **箴言**

我的很多朋友都有自己在生活里的座右铭，一开始我觉得这东西看起来很幼稚，如今我也终于找到了自己的座右铭：不要错过这一刻（Don't miss the moment）。

这操作起来非常简单且效果明显，每当我发现自己陷入大脑的噪音，或是止不住刷社交网络时，一句轻声的提醒：Don't miss the moment，便会将我即刻带回到当下。我会更强烈地感知到太阳，更喜悦地与他人相处，而且立刻停止无止尽地刷看任何社交网络。这让我屡试不爽。

生活只有现在。"假如你总是能把握现在，你就能成为一个幸福的人。生活是一个节日，是一场盛大的宴会，因为它永远是，又仅仅是我们现在经历的这一刻。"（保罗·柯艾略《牧羊少年奇幻之旅》）

最近德国进入长达半年的连日阴云笼罩的初冬，我先生热衷于蒸桑拿。昨天，在近80度的桑拿房里，我问他："你是如何活在当下的？"他笑了起来："现在我恰好不想活在当下，热死了！"我半开玩笑地说："你如果每次桑拿都只想着冷水浴过后的神清气爽，但是却催促现在的热浪与第一道冰水，那岂不是凭空失去了这十几分钟的生命？"他抬起被汗水浸湿的脖颈，向我眨眼："嘿！谢谢你，艾莉僧（原本他最喜欢调侃我的：Allison Zen）。"我踢他一脚，在他的叫声里，大笑了起来。

　　与其去享受期待的喜悦感，不如把当下的时刻也作为喜悦的一部分吧，像是被风吹起的树叶，脚掌与地板联结的瞬间，还有这世上最伟大的魔法：眼睛所及之处所呈现出来的颜色。这世上有太多值得为之雀跃的喜悦了。生命没有过去与未来，只有现在，而这一生最重要的，只有今天，不是吗？

打开成长的内在动机

第三章　CHAPTER ③

内在成长

第一节 SECTION 1
稳定心境

　　天下做父母的人好像都有一个心照不宣的简单愿望，希望子女健康快乐，最好过上一种被称之为安稳的生活，无风无浪安居乐业。就连精彩了一世的大文豪苏轼在老年得子之时也百感交集，"惟愿孩儿愚且鲁，无灾无难到公卿"。别人希望自己的孩子聪明伶俐，苏东坡却叹息自己这一生反被聪明误，那是经历大风大浪、坎坷挫折过后才留下的无可奈何。

　　我想，正是因为长辈在几十年来的生活里，走过困苦、彷徨、失落与惊愕，他们才会如此盼望我们度过平凡又稳当的一生吧？又或许对稳定的追逐，不过是太多成年人终其一生隐藏一部分狂野的自我，屈服近半百的人生，才不得不完成的逻辑自洽？

天生流浪者?

我有一个问题，我们每个人的基因里，会不会都藏着对流浪的渴望?

从上中学的时候，我就以为自己有一颗不安的灵魂，有点偏执，还极度自大。十四五岁的少女，很轻易就抱着一个挥之不去的念头在生活。那个时候，我甚至在每个上学的清晨都假想出走，计划着如何扔下书包和功课，跋山涉水到韩国。

当然，当时还是中学生的我并没有离家出走。但是，十几年后，我还是和伴侣浪迹天涯。我们扔掉结婚以前置办的80%的身外之物，开始过上一种在一个地方住几个月便奔走他乡的旅居生活。

自从离开上一套长租的房子，这种旅居的状态差不多有四年了。是的，我们居无定所，四海为家，沿着东南亚朝欧洲行进，走过十几个国家，经过上百个目的地、几十座城市，每到一处都尽情享受迥异的居所周遭。这些年里，我们没有在同一个居所停留超过四个月的时间，即使是在上一个夏天抵达柏林至今近一年，却也更换了四五个新鲜迥异的城区，并且随时计划下一个出走。

这种生活当然有它的浪漫之处，文字与回忆也很容易混淆一瞬的欢喜与忧愁，总有人问我：长时间的居无定所，难道不会焦虑吗? 如果你问的是我先生的话，我还真的可以很肯定地回答：不焦虑。我们一起生活这么多年，他是我所遇见过的最沉稳且自足同时也富有禅心的一个人。但是如果你问我是否焦虑过，我的答案是肯定的。

一开始我以为自己是一个潇洒自如的女孩，没想到长时间在一座城市栖居，也会让我陷入对安稳的需求。在某一时刻我会突然被周围的环境所吸引，开始渴望买一套房，打理花园，养鸡逗狗。于是，我开始为自己游民的身份而担心、恐惧，也很无望，几乎要忘了自己会开始旅居的初衷。

不过，这很正常。后来，情绪过去了，我又对自己生活的灵活弹性充满感激，我感谢自己的勇敢与无边无际的探索精神，我当然也感谢丈夫的陪伴。我觉得我没必要欺骗自己，更无必要以一个博主的身份去展现某种浪漫主义。

我开始好奇，原本就偏向流浪的自己，为什么即使是做了那么多的思想准备，也会随时遁入对不安全感的恐惧中，转而在一瞬之间渴望世俗定义中的某种稳定？

渴求稳定

"天地尚不能久，而况于人乎？"

——老子

事实上，即使没有父母的嘱咐，我们从小到大所做过的一切努力——学习语言、完成学业、找份工作、赚钱养家、期待爱情——也都是对安稳的追求。那么，你有没有想过，自己为什么那么需要安全感？

接下来，我会借一些社会科学理论从两个角度探讨缘由。

从生物进化的角度来看，几十万年前的祖先，就给我们留下了刻骨铭心的基因遗产。彼时手无寸铁的直立人对深草树林，对一切无法用眼睛看清的东西，都怀有深深的恐惧，那是生存的本能。还有嗜糖与对高脂肪的迷恋，对自然毒素呕吐与反胃的保护机制。丰富的资源积累也自然而然地成为更胜一筹的择偶要求，使现代的男性也仍然深陷其中，企图以金钱与地位来获得异性的青睐。这些在过去当然都是对生存与繁殖的有利条件。

只不过，文化的进化远远超过了基因的进化速度，现代社会相对安全的生活环境搭配古老的生理反馈，个体的冲突与内心的矛盾开始放大，我们究竟是需要更多的钱、更多的食物，还是更柔韧的心灵与更富足的精神？在大多数爸爸妈妈的眼里，好像良好的生活就是，你可以用更多的钱，去买更多的商品与服务，当然，为此你要先工作，先生产。

从心理学的角度来看也相当直观，著名心理学家卡尼曼因其对前景理论的研究而斩获诺贝尔经济学奖，他和同事把一个普通人以直觉便可以认知的现象理论化了，即人类对损失的厌恶远远大于对收益的热爱。负面情绪对大脑的影响不仅强于积极情绪，留存的时间也要更长。

　　根据禀赋效应来看，我们会自然而然地更倾心于自己已经拥有的东西：在不知情的情况下就自顾自地以为自己拥有的东西价值更高。别忘了，这是一个幻觉。我们是以一种本能的方式在抓住看似可以被拥有的东西：账户上的存款金额、堆满房间的物品、恋人的拥抱、下个月出现在工资卡上的月薪。对损失的厌恶，会让我们更想紧紧握住那些自己已经拥有了的东西，这时，恐惧与焦虑便来势汹汹。当一个人大量积累财富、名声或是地位时，他/她拥有的越多，便有越多需要担心会失去的东西。

　　实话说，从这个角度来看，一无所有是摆脱遭受不必要的痛苦的良方。古希腊斯多葛学派的哲人，也是当时富甲一方的权威塞内卡，早就看清了物质财富的枷锁。他说每当自己借一笔钱出去时，就当作已经弄丢了这笔钱，这样，当朋友如数奉还的时候心里会充满感激与惊喜，而如果朋友不幸无法偿还，也不会影响心情。当塞内卡被古罗马暴君尼禄无故放逐的时候，失去了财富也失去了地位的他，这样写到："我知道自己失去的不是财富，而是那些让人分心的事。"

没有稳定

　　安全感是一种迷信。

——海伦·凯勒

是的，人生无常。

如果你肯在一天二十四小时里花个十来分钟坐下来观察自己的思绪，你会发现，即使是自己脑袋里的想法，每分每秒也在不停歇地流动，它们千形万状，变化多端，在你以为抓到了什么的时候又风吹云散。

整个宇宙都处在碰撞、新生与毁灭之间，围观的我们自己，又何尝没有经历生老病死世事无常呢。毕竟十五岁的我不是二十岁的我，今天的我和她们根本就不是同一个人；房屋可能会垮；贷款可能抵不过医药费；你的房间哪怕表面上看起来好像一成不变，指尖扫过也会拾起一层刚染上的尘灰。变化总在趁虚而入。

重塑稳定

人生世事无常，这个道理谁都懂，只是归根到日常的缝隙里，又有多少人可以在阴晴圆缺里安然无恙呢？

庄子的哲学逍遥又清澈，在妻子死去以后也鼓盆而歌，他真的那么豁达吗？还是冷酷无情？都不是。朋友斥责他："妻子走了你不哭就算了，还敲着瓦罐唱着歌，这不过分吗？"庄子这才回答："不然。起初我当然伤心又感慨，然而当我意识到她的生命正如春夏秋冬之运转，即使我哭泣她也只是静静地在原地，没了气息，我自己明白无法通天命，于是就停止了哭泣。"是的，庄子在面对至亲离世之时也不能回避起初的伤怀，但是一转念，他知道众生来来去去，那不如选择接受吧！

后来庄子在自己病倒的时候，他感到命不久矣，也交代弟子千万不要厚葬这个身体，他说："我以天地为棺椁，以日月为美玉，以星辰为珍珠，天地用万物来为我送行，我的葬物还不齐备吗？"弟子说："我害怕乌鸦、老鹰吃了你的尸体。"庄子则回答："天上有乌鸦和老鹰来吃，地上也有蝼蚁来吃，要是夺了前者的食物给后者享用，不是太偏颇了吗？"我读到这里时极为震撼，想起了婚后第四年，我们来到克罗地亚湛蓝透明的海边，看着洒在浪尖的点点日光，我依在他的怀里，抬头说："谢谢你送我的钻石。"就连我这样的普通人也是可以如庄子般"拥有"山间之明月的啊。

不管是心理学家做的实验，还是通过日常的观察，你都会发现，无论是中了彩票还是半身瘫痪都不会长期改变一个人的满意程度。不管发生什么事，快乐的人照样快乐，不快乐的人依旧不快乐，人生的喜乐重点不在于事件，而在于我们内在的境界。

苏东坡在千年前游赤壁时写下千古名作《前赤壁赋》，他和朋友泛舟游玩，吃得杯盘狼藉，又是歌唱，又是饮酒。东坡畅谈：时间流逝就像是这江水，却没有真正地逝去。天地之间，万物各有主宰者，若不是自己应该拥有的，即使一分一毫也不能求取。只有江上的清风，与山间的明月，听到便成了声音，进入眼帘便绘出形色，取得这些不会有人禁止，感受这些也不会竭尽，这是大自然恩赐的无尽之宝藏。东坡这时已经入过狱，被陷害，被贬谪，却仍然可以肆意地与朋友唱歌诵诗，甚至洒脱到不知东方既白。你说，我们该如何应对无常呢？

实验发现那些住在养老院里的居民，甚至只是对一盆植物拥有何时浇水的自主决定权与责任心，他们的情绪状态与健康状态都有显著的提升，而那些被剥夺了控制权的老人，似乎更容易患病。

我觉得，庄子和苏轼都教给了我们一份珍贵的功课。即使人生无常，也不是说我们就应该抛弃所有，干脆赤身裸体地任由命运摆布。他们也不过是运用了转念的力量，便重获对生活自在的掌控感。我们渴望稳定，我们也需要稳定。因此，只要你认为买房买车可以带来安全感，它们就确实有效。不过，随之而来的按揭贷款，可能一不小心会把你推入一份失去对人生掌控感的工作里。

这也不是问题。我这三年来写过许多文章讲述我一个普通人的成长经历，也是在这两年我才真正意识到，瑜伽令我更细节地体察呼吸与身体，早起让我在一天里可以掌控一段时间，而清空自己，那可不是控制我的大脑，而是让我明察转瞬即逝的神经冲动，进而练习转念的能力。它们赋予我自信，赋予我强烈的安全感，这是一种由内而外的掌控感，它与我的物质外在毫无关系。

我们在旅居的这几年住过十五平米的小房间，住过山海两景的高级酒店，住过普通公寓，住过森林里的木屋。无论是在潮湿闷热的东南亚，还是风和日丽的爱琴海，或是乌云密布的深冬的柏林，我每天铺开的一张小小瑜伽垫，就是心灵所需的空间、我的心灵圣地。我可以在山海之间，在白云之下，也可以在宽敞或是狭窄的室内，在一次次发现自己意识游离的瞬间，感受一种宏大无边的安全。

我们的一生是在波动、随机与不确定中度过的，而稳定的心境，却是真实存在的，它取决于我们个体舒适圈的大小。我写过的文章，很多是关于自我提升、个人成长、习惯培养，乍一看好似心灵鸡汤，可事实上，我并非那样盲目乐观。至少于我个人来说，正是因为那一场场撕心裂肺的疼痛、戛然而止的幸福、当头棒喝的惊讶，我才一步步画出了属于自己的舒适圈。当我知道自己无知，而未知的世界里充满了新知时，这便是我的稳定。

上个周末我和先生在家庆祝纪念日，午时窗外狂风大作，我心生暖意，兴起沏一壶茶。待水开的时间里，我的思绪开始流动，所谓家这个名词，其实是我们短租的顶层公寓，我突然想起这并不属于我们，但是也不属于转租给我们的那对小夫妻，那么它属于初始房东吗？我不确定。但只要在当下，此刻，没有人可以来敲门把我们撵走，那么，它在这一刻就是完完全全属于我和我先生的。没有人可以拿走我从卧室阳台看树听风的体验。

我站在开放式的厨房，风越来越大，夹杂着云层背后的日光，洒在地板上很好看。追着意识的流动，我开始沏茶，这时我想起，那么这杯水呢？这杯水是我的吗？我刚才好像得出了一个令自己感到安全的结论，现在看着嘴边就要进到胃肠的茶水却没有什么把握了，眼前这杯水会被我切切实实地纳入身体，但是它终归要离开我。这时，我笑了。说到底，拥有就是一种深信不疑的错觉。

自由之路

如何按照自己想要的方式来度过一生？

研究生毕业的那年，我才发现自己没有办法安心地去任何一家公司上班，不是因为我讨厌工作，但确实是被如今前所未有的富足社会给宠出来的，居然有想法要打破父辈的工作方式，居然敢说："其实我讨厌的不是朝九晚五，也不是在公司里做事情，我无法接受的只是为一件我并不心存信念的东西而假装忙碌的状态。"

比起人类历史上任何一代来说，我们这一代普通人幸运至极，初次品尝到生活真的是太容易了，或者说是有太多可能性了。而我想要探讨的自由与方法，是建立在对自由的狭义定义之上的。按照当代风险管理投资人兼思想家纳西姆·塔勒布的话来说是这样的："我衡量一个人成功与否的标准，就是他有多少可自由支配的时间。"

需要特别指出的是，这并不代表自由职业才是通往自由之路的选择，虽然它被冠名以自由。如果一个人不能在从事的活动中寻找到意义，那么无论他是年薪百万每天通勤打卡穿梭于高级写字楼的雇员，还是旅居世界在小众咖啡馆里遵循极简主义生活方式的自由从业者，在根本上还是无法被归类于我们今天探讨的"自由"范畴内的。然而，一个人一旦满足了前提，即在从事的工作与活动中得到愉悦与意义，那么无论他是搭砌城市中摩天大厦的工人，还是拍摄一些根本不值一提的美艳照片的时尚博主，表层来说他们都是自由的。

由此，我将社会上的生活方式暂且分为两个大的框架：一种是经济型人生，他们重视金钱、地位与名誉，是消费经济中不可或缺的一分子；另一种则是创造型人生，他们通过创造获得意义，常常生活在心流之中。我并无贬低经济型人生之意，而且事实上，生活中的大多数人都徘徊在经济型与创造型人生之间，只是在我眼里，创造型人生更接近自由。自由与工作的关系很大，但是自由与对待工作的态度关系更大。

你恐怕也像年少时的我一样，误以为自由需要钱，需要很多很多钱，而努力赚钱要么需要知识，要么需要人际关系，然而这并不是真的。

过去这几年，我从痛苦与无望之中挣扎着建起破碎后的自我，重建了一次人生。直到两年前成为一个旅居世界，每周工作不到四小时的数字游民——当然也要看我们如何界定工作，从另一个角度来看，说我每周工作七十个小时也没错。事实上，即使是数字游民的生活方式也与自由相差甚远。我在三十岁以后的第一年为生活重估了衡量的标准："在一个千方百计想要把你改变的世界里，保持自我是你能做出的最高成就。"这个前提很重要，也是在这里我想与大家讨论的一个话题：我们如何在社会、父母以及同伴的期望中，仍然从心所欲，按照自己想要的方式度过一生？

● 个人觉醒之路——觉

2016年初，我二十六岁，正在德国南部工业城市斯图加特学习德语。虽然说我非常享受学习语言的过程，但是此前从求学期间便熟悉起来的英语教学行业并没有激起我心底的共鸣，彼时我已经从研究生毕业近两年了，却还无所适从，深感迷茫，说得再清晰一些就是我并不知道自己学完德语课程以后应该去做什么样的工作。我运气很好，拾起了一本现象级的全球畅销书《人类简史》，作者赫拉利提出了一系列标新立异的人类发展理论与假设，它们看似是常识，实则很隐晦，其中的一条彻底改变了我面对生活和工作的态度。赫拉利在书中指出："从现代商业领域来看，商人和律师其实就是法力强大的巫师。"他举了一个例子，像法国著名车企"标致公司"其实是并不存在的。事实上，国家、公司、婚姻、房产、金钱等等一切维系这个现代社会运转的基础，都不过是人类的"集体想象"罢了，没有一项是真实存在的，它们只是由一群人达成共识，由法律制度进行认可的法律拟制。

我记得那是冬末融雪的一个傍晚，我背着书包走在路上思考着赫拉利的书，天色还没有完全黯淡下来，居民区的街灯已经亮了起来，昏黄的灯光下几乎只有我一个移动的身影，路两旁是停满的汽车。突然间我浑身贯穿着一种不可名状的力量，就好像是昆汀十四岁那年第一次看完伍迪·艾伦的《安妮霍尔》时的一种心境："沉浸在忧伤和惆怅里。"我好像明白了点什么。长大成人并不是只有一条路可以选择的啊！我不愿意去一家公司献出一周50~60个小时的工作时间，正是因为我暂时没有办法接受某一场既定的集体想象。

●个人觉醒之路——醒

我其实是一个很悲观的人。高中时，每一次数学考试结束以后，我都会假想自己不及格。即使是其他很拿手的科目，考完过后我还是会在心里默默承认：这次可能不行。结果呢？如果成绩很好，我会像是收到了意外的礼物一般欣喜不已；如果不好，也在意料之中，不会遭受太大的打击。

一个人的乐观与悲观都是在生命的困境中才可以显现出来的，而在我们的生命中，最坏的事情是什么呢？我想，大多数人应该都和我一样，是对失败、对一事无成的恐惧。我很幸运，在中学时就读到了乔布斯著名的斯坦福大学演讲。演讲中的最后一条是关于死亡的，他说："记住你终将死去。"这是我一生中遇到的最重要的箴言。它帮我指明了生命中重要的选择。因为几乎所有的事情，包括所有的荣誉、所有的骄傲、所有对难堪和失败的恐惧，在死亡面前都会消失。我看到的是真正重要的东西。我相信所有人都和我一样，每听一遍他的演讲都会感觉到一次触电，但是大多数人的生活并不会从一次教导中就真正走向本性，至少对我来说，还是在我亲身经历过几次失望以后，才真正理解他话里的含义。

我记得那是刚刚决心放弃新闻理想的一段时间，除了迷茫更多的是挫败。我知道读研究生并没有什么了不起，但是我更加觉得自己根本配不上硕士的名号。那一阵子我只是觉得很难受，具体哪里难受也说不出来，直到某一次在乘飞机的时候，飞机按照往常那样，顺利着陆，我坐在椅子上，像是离开后又归来一般，雀跃不已。哪怕只是在想象中的死亡，竟然也让我获得了重生，我突然意识到，我是有选择的，这个世界上几乎是没有任何不得不做的事情的。

"You're already naked.（你自由了。）"我对自己说。

最坏的事情已经发生，我在二十七岁那年排演过一次离开人世，就已经没有什么可以失去的了。我自由了。我知道，这个理念初听起来简直可笑至极，牵强附会，但是深度体验起来，它无形中一定会将一个人推向无坚不摧，甚至是获得塔勒布口中那种受到创伤后成长的反脆弱的特性。如何获得这种自由？要么大量阅读，要么拼命实践。

财富自由

在布达佩斯生活的第四周是我长期旅居以来的第二年春末。我和先生拉着手走在城市里春日的街头，背着一帆布袋的新鲜蔬菜，手拿一瓶匈牙利当地特产的葡萄酒，从历史建筑群中穿行而过，回到短租了两个月的工作室。不过是去超市采购生活用品的一个稀松平常的举动，却让我在等待红绿灯的一刹感到畅快，是一种我可以更深度呼吸的自由感。

二十六岁的第一个月，我辞掉了国内的工作，远赴德国南部城市给生活重新洗了一次牌；二十八岁夏末的九月，我仅携带十公斤左右的行李，与先生在吉隆坡碰头，以一张无期限的单程票，开启了数字游民生活的第一次尝试。

在外界条件（签证、生活费用）允许的情况下，最大程度地去与未知的国家与城市相熟相知，如果遇上喜欢的地方或喜欢的人，我们一待便是一两个月，只为把旅行的脚步放慢一些，把生活的脚步则放宽一些，随性而行。

当然大家最关心的话题便是：钱呢？

钱固然重要，但是我发现当我掌握了以下三种生活方式，金钱或者说财富的意义便早已不再限制于世俗的价值了。我在二十六岁过上了"退休"的生活，在二十八岁过上了"创造"的生活，但是我希望到八十二岁时，仍在勇往直前丝毫没有停歇地工作。我还一无所有的那个二十八岁，却好像拥有了海阔天空般的巨额财富，大致是因为以下这三种思维认知：

● 精致的物欲

开启旅居生活前的那个夏天，我回国在父母身边陪伴了三个多月，去拜访我叔叔的时候，他的新女朋友拿出一个崭新的香奈儿钱包，说："这是我姐姐从欧洲带回来的，你喜欢吗？喜欢的话就拿去吧！我其实更想买一个爱马仕的。"那个金光闪闪的香奈儿标志直愣愣地看着我，我接过钱包，有点尴尬。我婉拒了阿姨的好意，理由是"行李装不下"，叔叔差点儿没在一旁笑岔气。可是我没说谎话，将要无期限去环游世界的我，行李箱的空间可是寸土寸金，我才不在乎那个钱包是不是比我整个行李加起来还要贵呢！那是我第一次发现自己终于拥有了对多余的物品说"不"的能力。

从我认知极简主义到实践极简生活也约莫有四年了，在这期间我走了许多弯路，也发生过乱扔东西的糗事，但也正是在这些失败里我发现，当我认清了消费主义并且认真对待自己的每一次购物时，我不仅节省了大量的金钱，还节省了宝贵的时间。况且，逃离消费主义并不意味着就一定过着消费降级的生活，倒不如说是锻炼一种如何获取最大化回报的消费态度吧。我并不认为省钱才是极简的唯一出路。

那只香奈儿钱包的市场售价足以让我在马来西亚生活一个月，后来我则把那笔钱花在半个月的酒店旅费上，一想起这个比较，心里就非常踏实，当然，这是完全属于我个人的消费价值观。当我发现自己衣柜里其实不像影视作品里所说的那样，我不缺一双鞋，不缺一条小黑裙，不缺一个包，更不需要每个换季时节都去买新衣服时，我手中的财富才是自由的。然而并非所有人的起点都与我一样：一无所有。因此也并非说反消费就一定可以满足财务完全自由。对我来说，完成财富自由的第一步是建立自己的价值体系，不为广告，更不为社会期望去买单，但是如果你真的很想开法拉利，就是喜欢穿潮牌，那也是自身的选择。

回家以后，我把自己那只用了四五年的小钱包拿出来。那是我在巴塞罗那花100多块买的，它的所有原材料都来自废弃的大幅广告防水布，我每一次看见它时都会提醒自己对环保的期望与诉求，心里充满了感激，也对它说了声感谢。

对我来说，第一个达到财富自由的成因来自"低物欲"，或者我个人更加认可的"精物欲"，让身边充满了精品，而不仅仅是廉价的可替代品。当然，更聪明的人会发现真正值得去享受的东西，用钱根本买不到，例如友情里的真情实意、自然间的清风朗月，更别说自己的掌控感与成就感了。

● 做想做的事

一直以来，我觉得我们这一代中有些年轻人是生活在一种与父母、社会、自我来回撕扯的漩涡之中的，有些人明争暗斗，最终败给了现实，但还有一些人，拖着破裂的自我，细心包扎，养精蓄锐，变成了那个七大姑八大姨最"讨厌"的人。

我们最常听说的事情便是：作为一个成年人，你应该要有一套房，要有一辆车，要有一个结婚的对象，现在可能还要有一只猫或者一条狗，才算得上是幸福的小康生活。这看起来是有一定因果关系的，因此在追求幸福、快乐，或是在长大的路上，我们深信不疑地与大家一同走上这条看似稳妥的生活道路。可是这个因果关系一定成立吗？它或许可以顺理成章地为某些人的人生带来一些满足感，但是你有没有想过，你可能并不属于那些人呢？

总之，我是后知后觉才发现，那套房、那辆车，真的不是我幸福人生的必需品。被自己深爱的人所讨厌是一件很痛苦的事情，但是，如果做不了我想做的事情，留在他们身边的我可能也会变得毫无朝气，满心怨恨。"生命里那些令人难以排遣的悔恨，大致都不是来自我们的行动，而往往源于我们的不行动。"想想那些没有学过的乐器、不会说的语言、太早放弃的梦想、不积极的训练吧。真正去做了那件你最想做的事情以后，为你好的人可能不但不会心灰意冷，反而会为你感到几分骄傲呢！

也许自由最大的特征不是不受拘束，而是不再寻求他人的认可。

● 创造热爱

最后，我们来谈一谈至关重要的话题——钱。

财富自由在某种程度上来说也可以理解为提前退休，其中的逻辑与计算模式是：以每年4%的理财收益，来支撑接下来不用上班的年月的生活开销。这有一个极大的前提，那就是得先存够一大笔钱，不然靠我存款里的那点钱年收益4%，可能一生都别想退休了。

麻省理工学院学者威廉班根在1994年提出："只要在退休第一年从退休金本金中提取不超过4.2%，之后每年根据通货膨胀率微调，即使到过世，退休金都花不完。"这是第一个限制，而第二个我比较看重的问题则是，拼了命存钱、赚钱，就算我真的集齐了那笔退休基金，退休真的是目的吗？环游世界真的就是目的吗？

搬到德国生活的第一年，我几乎过上了"退休"的"家庭主妇"生活。但是，闲在家里，甚至是去欧洲各地旅行都不能给我带来快乐。我感到无助、迷茫、焦虑，甚至陷入了一种感到生活毫无意义的无尽空虚中。如果生活的要义不在于寻找快乐，那么我竟有些手足无措。新东方的那位同学父母的故事便给我制造了第二个误区，这孩子的爸妈听上去好像早早地便过上了退休后阳光沙滩、自由自在的生活，实际上呢？赚的盆满钵满的他们在家里可没闲着，仍然在不时激励自己学习新的投资方法，创造新的家庭收入，实际上那些学习所带来的收入甚至都不再是最初的目的。他的爸爸后来这样对我说："我们现在虽然不去办公室上班，但是可比那时要忙多了。"

　　而埃隆·马斯克的故事大家也都知道了，后来他没有退休，而是为了实现自己的梦想，或者说人类多星球居住的梦想，成了世界上最忙碌的人之一。这才叫我回过神来，我曾经所渴望的环游世界并不是无所事事，每日在沙滩蹦迪跳舞、去世界七大奇迹打卡签到，不会让我感到自由，甚至可能不会我感到快乐，我应该做的事情是：创造我所热爱的事物。

　　在国内互联网行业有这样一个低调的人——刘进，他是做网站域名起家的，从很早以前就开始躺着赚钱，后来改行去做投资。他说："我从那一刻开始便决定再也不做域名生意了。为什么呢？因为赚钱太容易了，再做下去人会变傻的。"

　　因此这第二个误区也终于被我解开了，财富自由也不是为了提前进入退休的状态，或许我们原本对退休就有很大程度的误解，就好像王子与公主结婚以后绝对不会"从此过上了快乐幸福的生活"，退休的生活也绝对不是轻松自在、无忧无虑的。因此，数字游民的生活方式在当下极好地为我平衡着：不忧虑收入与保持一颗好奇心不断提升自我的状态。

　　我记得2018年刚开始考虑生产自己想要的那张瑜伽垫的时候，我突然发现了创造的乐趣。不过是一张安全又高性能的瑜伽垫，它可能不像那些高科技产品瞬时可以改变世界，但是我发现当我决定去创造这件产品的时候，游戏规则就完完全全在我的掌握之中了！我就是要用环保材料，我就是要走欧盟的质检标准，我也就是要用极简的方式来呈现这一理念。现在它进入市场也快三年了，我发现这一切实在是太有趣了，看着客户的喜悦与信任，这是一种在上班的时候体会不到的纯粹满意。

巴菲特一生的工作伙伴查理·芒格给年轻人的第一条建议就是："别兜售你自己不会购买的东西。"一张简简单单的瑜伽垫彻底改变了我的生活状态，即使大家用的不是我的瑜伽垫，我也从分享自己的经历上获得了极大的满足，这种愉悦无法比拟。在某种程度上来说我也可以被看作是一个小小的创业者，那些产品都是用来支撑我工作与生活的工具，但是，赚钱或者说扩张绝非第一要义。我只想在探寻的过程中为市场提供一份优质的解决方案，但是我更喜欢花时间去发现、试探，然后分享有益于世界的观念与思想，对我来说财富的模样可能更多体现于优雅的见解、积极的人际关系，还有对社会的一片热心肠。

现在的我还想做更多的事情，还想去更多的地方，我整个人充满了求知的欲望与内心的平和，每天都迫不及待在6点以前就醒来——醒来我就可以生活了，醒来我就可以继续做自己喜欢的事情了。可能在某些人的眼里，这并非财富自由，因为当时的我连一套房、一辆车都没有，更不用提"想花多少钱就花多少钱的魄力"了，我甚至可能在某一时刻会为生计忧虑，但我更多的时间都是在充满热情地生活，这也包括面对生活里的苦难。我想创造更多的东西，我想分享更多的东西，当我不再被金钱绑架，我感到了无尽的自由与无限的勇气，因为我还是坚信：追求卓越，成功自然会尾随而来。而追求卓越、创造优质内容的过程，本身就是奖励。借用乔布斯的那句话：过程就是收获。

写到最后我发现，与其说我过上了财富自由的生活，不如说是返璞归真，回到了自给自足的生活吧，而我真真正正所感受到的自由便是：我可以在任何时候，为自己的热情挪出足够的时间。

提前退休

自从本杰明·富兰克林说出那句传世名言："时间就是金钱。"人类便进入了一场自强不息，拼命加速竞争，以求获得更多的金钱和更多的时间，却又同时更缺钱、更缺时间的生活死循环。

财富自由的秘密真的很简单，醒着生活就不会被社会被消费主义所欺骗。德国社会学家哈特穆特·罗萨就提出："若想要检视我们生活的结构与质量，就必须聚焦于我们的时间模式。"财富自由的真实核心是指我们无需为生活的开销再出卖自己的时间了。

于是，二十六岁那年我拍拍手，决定不再陪消费主义玩这场所谓成年人的游戏了，我提前退休了。

"退休"这两个字对于我来说就好像是要去南极看企鹅一样遥远，就传统生活方式来看，我们知道它就在那里，并且对其还抱有几分向往，但那只是生活中一片尚未涉足的天方夜谭，对于二三十岁的青壮年劳动力来说，退休生活根本就是遥不可及的奢望。四年前我搬到德国生活，有时上午德语课结束后就会到市中心的图书馆里稍作复习。斯图加特的城市图书馆是全世界最美的图书馆之一，每次身处这座极简又明亮的建筑内，在清亮的灯光映射下，我都觉得好像是小时候去游泳馆那么兴奋。也是在这里我偶然结识了来自英国的苏珊，她为我打开了一个新的世界。

苏珊来斯图加特看望在戴姆勒上班的妹妹，她自称为一名业余哲学家，现在正在休假。那是我第一次听说"学术休假（Sabbatical Leave）"，苏珊告诉我她有整整一年的假期来做自己想做的事情，彼时她便正在恶补学生时代所错过的德语哲学名著。我惊讶不已，在羡慕之余也陷入了深思：原来成年人的生活不是不可以按下暂停键的。

● 退休魔咒

说来有些滑稽，我的第一次退休生活纯属偶然。我报了一个为期六个月的德语班，却完全没有要去上班的意思。你可别误会，倒不是因为我和先生是富二代或是中了彩票，也不是因为他的工资高待遇好，我们的情况与这些通通不沾一点儿边。我们只是恰恰在二十四五岁时，高度警惕这个社会借着广告在耳边低语的一切意图，发现原来工作不过一两年，就存够了接下来可以生活很久很久的一笔钱。彼时的语言签证并不允许我在欧盟工作，这是事实，也是个玩笑。富兰克林不是说时间就是金钱吗？我看看自己日历上的空闲，也很不害臊地发觉自己蛮富有的。于是，从研究生毕业以后工作了两年左右，我就被动地第一次过上了一种类似于退休的生活。

如果按照社会规则的剧本走下去，离开校园后应该就是盘算将来职业发展的黄金时间，最好是可以全身心地投入一个行业，积累经验值，要么年少有成，用时间与精力去换取高薪与管理层的职位，要么耐烦恳切，直到机会降临步入中年后期的高峰，当然还有一种可能便是碌碌无为直到法定退休的年纪。本以为熬到终点是一场如梦似幻的甜美退休生活，结果还未享用却又频繁听说这般毫无目的的老年生活不仅无助无聊，还略显迷茫。我碰巧在二十几岁获得体验退休的机会，本以为中了头彩，结果大概与所有人的退休经历一致，起初快乐似神仙，尔后都被空虚迷茫无望所占有，大把的光阴流逝反而令人焦虑不安。从前只能见缝插针地追剧与看电影，现在可以大看特看；从前在上海通勤时最热衷的阅读，现在反而需要自我激励才肯在字里行间寻到逻辑。

退休生活的第一年美好极了，我在欧洲四处旅行，在家里烘烤熔岩蛋糕，不过只有在周末才可以约到朋友——倒也不算太糟糕。我开始习惯在每个能遇见太阳的日子，去彼时家附近的森林里散步，站在山丘顶端俯瞰一座城市的神态。浮士德在与恶魔梅菲斯特打赌时，以停滞不前作为失去灵魂的缘由。他说："如果在一个时刻我说'停一停吧，这一刻，你真美'，我就算输了。"而我不仅停在了原地，还无处可去。

当我们可以顺利满足温饱并且在日常从容起来时，那种无所事事的空虚与无助便会来袭。我开始止不住地在夜里冒汗，脑子里整天都在思索着该做些什么。大概就是在那个时候，我开始逃离电影与音乐，我终于再也无法被一味地输入所满足，开始谋划一场逃离退休的计划。就如一些日本职员在退休后无所适从，只好每天背着公文包去公园待上一个白天，我也开始明白一个道理，并且是一个我将终生心存感激的发现，原来我所以为的退休，根本不好玩，甚至可以说是，不好受。

我没想过提前退休，只是对彼时的工作状态不甚满意，只是想偷偷懒，睡到自然醒。我可能也没想到的是，自己会对这样的生活感到不悦。我可能更没想到的是，憎恨了二十几年的清晨闹钟，竟然会在两年后被我主动掌控，让我成为一个早起的人，这倒是后话了。我在当时的感受还是：原来上班很烦，不上班更烦啊！太难了。

我这段退休的经历就像做游戏时所搜集到的宝贵经验值一般，竟然让我在年轻时就先体验一番退休生活的苦，不必为一种幸福的幻象而心存希望，更不必为那触不可及的无聊耗费心神。生活只有现在，这一刻，不是吗？

有趣的是，正是退休的苦给我带来了自我创造，带来了自律与希望。我惊喜地发现，其实退休这件事情，也是可以预先提取一部分时间的，它的好处良多，就好像是西方高中生毕业以后最流行的间隔年，在进入成人事业以前给自己放一年的假期，去旅行、工作、发呆，怎样都好，就是给学生时代喊一声暂停。如今，我不再将生活称为退休，只是不时给自己放一场无期限的假期，这叫：间歇退休。

● 间歇退休

间歇退休与提前退休有所不同。

让年轻人提前退休其实是限制了他们的选择，这意味着大多数人可能一生都无法存够那么多的钱，或者至少也要到中年三十五岁左右才有实际操作意义。而间歇退休更像是"间隔年"，这种生活方式对年轻人更加友好，也更加具有实操性。间歇退休并不是一种寻求一劳永逸的简单法则，它是指我们在人生的任何阶段都可以喊停，而不是非要达到要么攒够钱，要么攒够命的前提条件。间歇退休是一种满足我们想做一枚躺平的废柴的精良计谋，是一次给自己生活清零重启的缓冲期，毕竟周末的短暂休息只会助长躺平的新鲜感，但是延长的假期却会消磨肆意的懒惰。

间歇退休类似于蒂莫西·费里斯在他的大作《每周工作四小时》里提到的"迷你退休"，类似于今天数字游民的生活状态，放慢脚步享受旅行，而不是参与旅行团似的踩点打卡旅游。

我是反对把退休作为人生历程的终点的，但是我鼓励间歇性退休。毕竟，暮年的退休与无所事事并非生而为人的追求，盛年的养精蓄锐却大有裨益，而且我们今天将要鼓动的间歇性退休不是休息一个黄金周、躺平一次年假，而是不定期地给自己至少三个月以上的时间。《人类简史》的作者尤瓦尔·赫拉利称自己每年都会去调整两个月，人间小白鼠蒂莫西·费里斯也会不时给自己来一场六个月到一年左右的休整时间，而就连普通如我的一位平凡女孩，竟然也敢全然按照自己的想法来度过日常，重建时间，那我想不出有什么理由不能让更多的人提前感受退休生活，从而弄清自己想要的生活究竟是什么。

事实上，自立工作的人都有选择间歇退休的机会，它不是偷懒或放弃生活，恰恰相反，它是一种为我们将来更加投入地工作蓄势待发的充电暂停期。给自己足够的时间休息，然后再次重整旗鼓，你会活力满满。

我自己也正是在那段退休般的日子里开始练习瑜伽、磨笔写作的，恐怕正是因为这样一场彻底完整的放松，才促使我成为了一个渴望自律，甚至渴望工作的人。然而年假一般依赖于一个回归，它是属于某种职业与国家的福利，上班族如果想给自己放一年的假则需要一些细心的筹划，与公司协调、与雇主磋商。胆量再大一些的青年，或是原本就有意改变职业道路的人，只需要保证自己存够了接下来半年或是一两年的生活开支即可。一旦掌握了自足的自由，它会带你走很远。

"微小的骚动和焦虑滋养了灵魂，让物种繁荣的不是和平，是自由。"（马基雅维利）财务自由不仅仅是你所占有的财富，而是拥有财富的同时还手握自由。

● 四步至自由

月支出算法

现代风险管理思想家塔勒布就曾说过："藏在床垫下的现金，令我们拥有反脆弱的能力。"如果存够接下来一到三年的金钱，那么我们甚至可以在无需大幅度降低生活质量的前提下，轻松完成目标。至于生活质量是由什么来构成的，当你拥有了充足的时间，自然会看清真相。

假设平均每月支出，包含租金或房贷在七千到九千左右，那么只要存够25万人民币，接下来的这三年，可以不做任何与赚钱相关的事情。那么假设是一年呢？则只需要存够8万块。两年前开始旅居世界以后，我才发现，几乎每个月六千块，就可以环游世界了。

被动收入

被动收入是指你只需要付出一次努力，便可以获得长期收益的一种方法。其实很好理解，那些在城市里给年轻人租房的房东，那些在股市摸爬滚打的风险投资人，那些写了一本畅销书的作者，他们所获得的收入都是非常直接的被动收入。

一位不太起眼，也毫无成就可言的小小游民艾莉森王，就是我自己，也惊讶地发现2016年年底创作的一套英语口语课程，直到今天仍然在给我带来不算可观，但是叫人满意的被动收入。仅凭我在2018年费力做了半年多的高质量瑜伽垫，因为对原材料的严格要求，一次性的生产与设计（现在反复规范化的生产），再加上原本就致力于做"可以用很久的产品"，即使不必花样百出，也是可以持续稳定地产生收入的。

当然，被动收入的前提是要么有钱投资买房，有承担投资理财风险的勇气；要么就要有技能，通过创作获得回报。然而，更为重要的秘密是，创造的回报不仅仅停留在金钱上，例如今年我开始做的订阅频道，于我自身来说也是一次成长与分享的机遇。因此，如果退休的生活还能为自己创造一定的被动收入，哪怕不是太多，也会发现提前退休的本金根本不像传说中的那么可怕，而间歇退休也将更具持续性。

最后，关于理财投资我想借鉴塔勒布的杠铃原则作为建议，即："将存款的10%~15%用以高风险投资，顺利的话获得的回报将非常可观，即使失手，损失也不算严重，而剩余85%~90%的资产都以保守投资为基准。"

兑换时间

当我们做到了前两步时，你一定会有新的发现。例如我是在二十六岁退休那年第一次学会烹饪的，亲自下厨不仅可以对食物产生新的理解，懂得配料与潜在的危害，尤其是加工食品，不仅危害健康，还是体重的头号敌人。有了大把时间去学习了解食物，我发现了一个叫人惊喜的小秘密：你手上的技能，也是财富本身。

没错，我和先生都万分留恋上海的餐厅，从中国到东南亚，从欧洲到南美，都可以在城市里惊艳味蕾，只不过曾经极度频繁地"下馆子"，也变成了如今的一种特别仪式，毕竟在家里亲手做菜本身就是一种健康又省钱的优质体验。

以马克思的角度来看："本来劳动是被自己所控制的，现在劳动却被他人所控制，而自己的劳动力却变成了一种商品：这就是劳动异化。"我们利用金钱购买一切服务，小到外卖，大到旅行，其实都是一种用钱换时间获得服务的方式，这物化了身边的人与事。为什么有些父母那么在乎相亲的对象究竟有房有车没有？这是爱情被物化的结果，女婿或是媳妇变成了令自己家孩子获得安全感的工具，而不是赋予情感的一段高质量的关系。

也就是说，如果你可以给自己剪头发，给自己做衣服——或者是朋友之间相互的尝试，哪怕只是简单地烧饭，那么这些技能其实都是财富本身，因为你无需再支出理发、衣物、饮食的费用，至少不是像长期欠债那般消费。很简单，我们用时间兑换回了技能，并且将被异化的生活状态与人际关系偶尔拨回原位。而且在自行动手的体验里，说不定某种技能就变成了一种被动收入的来源，或者自己一生都可以赖以使用的价值本身。

回归

相信我，如果你计划退休几年，你一定会去学很多新的东西。毕竟即使是超级富二代，也会被这种无所事事的日子打败，人生一旦失去了意义，那么闲暇只会变成平凡生活里的一个刺，就连曾经心之向往的旅行，也会变成日复一日地消磨光阴。你有没有想过那些在三十五岁以前就退休的人现在都怎么样了？这件事一旦亲自经历起来，必然不像曾听说的那样美好如愿。事实上退休后最初几年的新鲜与享受倘若耗尽，再随着通货膨胀的货币贬值，无尽的无聊对身心的切割会比曾经忙碌上班的刀锋更加锋利，这里还尚未提到某种程度上与社会关系的缺失所带来的伤害。即使是哲学家蒙田也必须承认："有那么一段时间，我在家中闲居，尽可能地不让自己被俗物缠身，我本以为，什么都不干，只是凭着自己的喜好，就可以怡情养性。可是，事实跟我料想的不太一样，这样的状态维持得越长，我的心就越沉重，越难以振作。"

就我自己的经验来说，旅居世界一年左右，我渐渐发现去城市里隐匿，都不再能够满足我对旅行或是在路上的需求，我迫不及待地想要寻得一份与他人的联结。我在日记本里写下：住在哪里真的不是特别重要，晚上或是待会要见的那个人是不是会令自己感到兴奋更为重要。旅行除了是一种生活方式以外，还是一份生活的迷你充电器。

我曾经一直想不通一个流行现象：工作与生活的平衡。现代社会最荒谬的恐怕便是将工作与生活作为两个对立面，工作是赚钱，而生活是休闲，休闲又是由消费所构成的：购物、追剧、打卡似的旅游。但是当我们回看人类的生存处境，我们如今大多数人可以享受的状态则与过去的贵族相差无几，而那些度过了满意的一生的贵族，大多是没有工作与生活的边界的。

我屡次提到，现在的我每周工作不到四小时，当然也要看我们如何界定工作，从另一个角度来说，我每周工作七十个小时。在生活里获得工作的灵感，在工作里增进日常的透彻，我感到幸运与知足。如果你享受过了退休的闲暇，并且发现自己无坚不摧，不再莫名慌乱陷入焦虑，接下来的生活，无论是回归办公室还是独立的创造，你都会发现再也没有不去跟随自己内心去做事的理由了。而后，活得真实才算活着。你发现了吗？间歇性退休的目的其实是为了更优质的工作质量，是一种寻找抑或是创造意义的旅程。

精力自由

现代人对网络上瘾，早就是一个不容分说的既定事实。现在，我们从觉察的角度来整理一下自己的世界观是如何被外界打造的，并以精要主义的原则，摆脱拉低生活质量的信息焦虑。

我先生决定退出社交网络时，刚开始大概也就是完全不用也不刷朋友圈、注销脸书，更不要说什么instagram之类的纯社交应用软件了。两年后他变本加厉，和我在一起常常不是忘带手机就是直接关闭网络。有一次，我们去巴塞罗那旅行，那十来天里他查看手机的时间加起来大概1个小时都不到，也就是说这段旅程里他只有0.0034%的时间是在线的，趴在他身旁给白天拍的照片上滤镜准备发布朋友圈的我表示不可理解。有时我也会责怪他身上没带手机，都不能给我拍照了。他嘴巴抹了蜜一样轻易就将我降伏："现在你在我身边，我还有用网络去联系别人的必要吗？"这让我怎么反驳？他笑一笑，在阳光下翻个身，问我要不要下海游泳。这几年来他虽然没有试图劝说我减少对网络的依赖，但是在婚后的第二年家里出现了一个共识，那就是睡前不能携带电子设备进卧室。尔后因为长期旅居生活限制了我携带纸质书，因此我们同意睡前用iPad阅读电子书，但是非特殊情况，一律关闭网络。

我的生活是在这个时候慢慢起了变化的。

现代人几乎都有一个通病：信息焦虑，也叫错失恐惧症（FOMO：Fear of Missing Out），指我们害怕别人在自己不在场的时候经历了什么非常有意义的事情。它在现代生活里的副作用便是让人不停歇地刷视频、刷朋友圈、刷社交网络，视频要看最短的，八卦要看最细节的，点赞要搜集100个，就连追剧、看电影可能也是2倍速。亲身处于信息革命之中的我们，早就摆脱了信息匮乏的空白，如今到处都充斥着过剩的信息。在这样的环境下不难确定的是，大多数信息都是噪音，甚至可以说是毫无用处的垃圾，它们不仅浪费我们的时间，还会让我们一不小心中了付费买单的圈套，更不要说那些恬不知耻地出卖了我们宝贵的注意力，只是为了日活量去兑换广告投放的APP了。

看到这里我希望你已经有一种被点燃的愤怒，开始思考是谁抢走了我们的注意力？

● 社交媒体的罪与罚

两年前，在开始创业时我有了一个细思极恐的发现。创业初期我得到了一份书单，其中包含一本书:《上瘾》，副标题是"如何打造塑造用户习惯的产品"。整本书介绍了科技产品设计的唯一宗旨——令人上瘾，或用书名的双关语表示——"上钩"。无论这个网站或是APP的功能是什么，目的就是要用户们不断地打开它。你要知道，对网络上瘾并不是你的错。

你要问对网络上瘾，或者说不加筛选地一股脑接受这些客户端的推送有什么危害的话，那真的是太多了:一是不由分说的上瘾症状，这可以从多巴胺的原理来认清;二是焦虑，正是因为多巴胺阈值提升，那停不下来滑动的手，不仅会让我们愈发欲求不满，还会造成错失恐惧症;三是疲惫，这与我们的工作记忆存储空间有关，因为信息的长时间碎片化切换，大脑的神经都是一些没有下文的垃圾链接，再加上电子屏幕的蓝光影响睡眠质量，以及信息过载造成的决策疲劳，都是一连串导致成年人轻度抑郁的源头;四是愚蠢，社交网络上其实是有极其珍贵的宝藏的，但是更多的内容是以一种畅销、吸睛、劲爆、猎奇的角度来产出的，谁都无法拒绝它们贴合人性成瘾的设计，但是过多的碎片化信息会让我们懒得用脑，干脆让别人帮我们思考好了，于是，我愚蠢了很多年，它真的是一种病!

尽管我认为社交网络弊大于利，不过以噪音信息的比例来看，起码有10%的内容仍然是宝藏，它们恰恰不是关注量最高的。事实上一旦你发现自己关注的对象拥有最广泛的受众，便是你质疑自己独立思考能力的好机会了，因此我不认为全然隔绝社交网络便是正确的选择，故步自封引起的麻烦恐怕也是无法解决的。正是因为有那10%的宝藏存在，通过社交网络我们可以了解这世界上最杰出、最优秀，也最谦逊的那群人的脑回路。在充分认识并且理解社交媒体、网络信息会给我们带来何种利弊以后，我们再据此研究想对策，会更多一分清醒。

● 解药

在2018年以前，我算是一个对网络极度上瘾的用户，我每天都会刷朋友圈，读那种10w+阅读量的文章，看一圈时尚、八卦、新闻，会突然就想要买双图片里的鞋，过一会儿又对一个诗人产生浓烈的兴趣。说实话，现在我最害怕的事情便是打开购物网站，不是因为害怕剁手，而是它没完没了地推荐新品和相似产品。当我想买一条裙子的时候，原本只需要半个小时的购物时间，在进入了十来个铺满精修图的店铺以后，我可能几十个小时后才能下单，如果再加上货比三家、7天无理由退货等附加条件，原本在极短时间就可以完成的日常活动，在不知不觉中就白白消耗了大量的精力与时间。那是我第一次感到有点儿不对劲。后来我发现自己读一本书时也会突然刷起朋友圈来，这才下定决心要重新建立与手机的关系了。

从微博创立、豆瓣广播发布，到微信推出公众号，这些年来我们积累了多少关注？如果你够决绝，可以试着把它们全部取关。在极简主义里有一个简单的原则：如果你不知道是否应该割舍一件物品，那就请放置在纸箱里，如果在6个月里你都没有用过它，或者想起它，那么就可以确定扔掉了。社交账号也是同样的道理，我们选择关注一个人、一个组织、一个账号，一方面是想要支持对方，另一方面是想要对方为我们提供有价值的内容，如果这两点都不满足，甚至可能给我们的生活制造无关紧要的焦虑，那么请决绝地取关吧。

取消关注无内容、无营养的账号是虚拟空间极简化的第一步，当然这个界限非常主观，例如我也是从这两年才开始取关随时都在好物推荐的博主，不关注时尚，完全不看任何娱乐八卦，不追社会热点——如果它真的重要就会经得起时间的考验，以整合过后的模样呈现在我眼前。再次强调它非常非常地主观，汝之砒霜彼之蜜糖，我现在所做出的选择都是因为年少时被社会讯息和太多噪音干扰过后的后遗症，正是因为我不想浪费大把光阴在无谓的信息上，而且我知道哪一类人可以赋予我能量与活力，因此，我的行为为我接下来的生活带来了极其可观的正反馈。那种经过了深度思考才进行创作的博主所产出的内容绝对不会让你感到焦虑。

这是养成习惯的第一步：让事情变得非常明显，例如把瑜伽垫放在最显眼的地方，把跑鞋放在每天必经的大门口，把笔记本放在床头等。那么反之，我们应该先将毫无必要的信息变得隐匿，例如没有新闻客户端的我，除了特别重大的事件，一般是没有机会能够接触到它们的。我就可以用这部分省下来的时间读真正有过沉淀的书籍，或者在青草地上与自然安静地相处。接着可以静音你的手机。手机静音以后我们大致就可以从依赖它到掌控它，先完成第一步身份的转变，即从被掌控的奴隶到自主选择的主人。你有没有想过除了坐在手机面前，人们还有很多其他可以做的事情：练习冲浪、到森林里徒步、在高山上仰面、在面馆里认真吃一碗面。

定期排毒至关重要，2021年春节期间我和先生一起搬到了柏林郊外，与两只狗狗还有深冬的森林相互陪伴。在这一个月里，我不发布任何文章、播客与动态。不发布，也不参与，这是我第一次经历深度的信息排毒。借由多巴胺阈值的原理，给自己一点儿宁静，一个重启的机会。哪怕仅仅只是一个周末、一个星期，也会卓有成效。

现在我的手机完全静音，没有任何推送，更没有任何新闻客户端，每天只有国内下午四点至晚上十点区间微信在线，开启屏幕时间，固定时间段锁定手机部分应用程序，从大学期间就养成的关机睡觉的习惯也延续至今，即使进入社交网络时也只看我关注的人而不是主页的随机推送。

我几乎从来不看主页也不看"猜你喜欢"，那根本就是无底洞，点了一个内容，下一个视频的封面和标题好像都更有趣。我也几乎不参与任何群聊。对我来说通讯工具就是"通讯"工具，不是社交工具，因为社交是面对面产生的。因此，微信、WhatsApp等即时通讯软件只是办公或者约着见面的一个工具。比起网络上的讨论我更喜欢面对面地与一个人交往。最后，我喜欢那些产出不具有时效性的作者的内容，例如阿兰德·波顿、纳西姆·塔勒布等等，也包括一些古代哲学家和现代思想家。

"只有时间颠扑不破的东西，才是属于我们永远需要的东西。"（纳西姆·塔勒布）这也是为什么我在过去两年的全部写作中总共只写过两次与热点相关的话题，比起追逐话题，我更愿意利用时间去探讨经典永恒的话题，例如爱、自由、创造与健康。当然，这些是按照符合我自己的需求所产生的结果，并不适用所有人，也不是说我就要完全切断线上的生活，我的目的是有意识地使用这些工具。关键不是要戒掉手机，关键是清楚自己接收什么样的信息，按照自己对信息的需求，给自己制订严格的标准，你将发现信息，或者说噪音，越来越难进入你的世界。在明晰如何让手机为我工作，而不是无意识地被信息掌控过程中，我获得了真正的时间。我写过一些文章讨论时间自由、地域自由，还有财富自由，然而如果不能摆脱信息焦虑，那么拥有再多的时间、再多的金钱、再多的成就，也一样无法获得平静，这是自由的巅峰：精力自由。

我们整本书都在探讨对自由的探索，除了财富、健康与事业，亲密关系作为最直接可以影响到一个人日常的喜怒哀乐的环节，当然不应该避而不谈。事实上，这世界上的众多恋人都是亲密关系的初学者，为其着迷、伤神、束手无策，就我个人来说当然也经历了不少的磨难。从个人发展的角度来看，一旦理顺了自己的生活，亲密关系的任何问题都将会迎刃而解。

我与我先生在一起的这些年来感情一直很要好，所以结婚一年以后，第一次出现的那次感情危机着实让我措手不及。你千万别误会了，在感情的世界里，哪有那么多一帆风顺，我们也曾兵荒马乱、万箭穿心、肝肠寸断！幸运的是，那些经历过的千疮百孔，让我们伤愈结痂后又强大了一些。

亲密关系这一节我想从三个角度，其实也是情感发展的三个阶段来探索，从单身的自我发展到激情褪去的宁静，直到真正认识灵魂伴侣的真相。

独行闯关

我为什么认为女孩子都应该去追一下男生？

这其实并不是一个针对女性的观点。

你应该感到害怕的不是全世界会拒绝你，你最应该害怕的是，你自己一直在拒绝你自己。

一直以来，我都很喜欢帮朋友去主动接近她们喜欢的男生。在去参加音乐节的巴士上，小学妹喜欢站在车厢最尾处那个看起来有点忧郁、像流川枫一样的男孩儿，我下车后第一件事一定是穿过人群拍拍他的肩膀，问他："把你QQ号给我朋友好吗？"还在上海生活的时候，闺蜜喜欢餐厅里隔壁桌穿白衬衫的那个男人，我一定会借去卫生间的空档问他叫什么名字，像个中学生一样："嘿，我的朋友觉得你还不错，把你联系方式给她怎样？"在布达佩斯小住两个月，迫不及待地认识了几个新朋友，来自荷兰的女孩凯莉性格开朗，总是把我逗得哈哈大笑，她去吧台买酒回来的时候，神采奕奕，一脸坏笑。"我的天啊！酒保好帅。"她喝了一口刚刚到手的白啤。我朝她的方向望去，是一个颇显青涩模样的男孩子。"是你喜欢的类型哦？"我笑嘻嘻地问她。她点点头，眼睛锁定目标方向，根本没有看我一眼。等她去舞池跳舞的时候，我去排队买酒，顺便要来了酒保小哥的电话，他们互加了联系方式，约好了第二天的第一次约会。每当这种时候我都会露出一种媒婆似的得意笑容。

这个方法屡试不爽，失败率可以说几乎为零。

把这件事情说得太轻松，大概是因为前面发生的那些都与我无直接关联，又不是我自己动了心，我希望大家不要把我误会成是一个非常外向的女孩子。现实恰恰相反，处理起自己的感情来，我也是相当害羞又敏感，不过如果真是觉得谁不错，我一定会毫不犹豫地大胆向他表白。上中学时，留着学生头可以说是毫无女性魅力的我，喜欢上了一个外校的学长，他比我大好几岁，明显对我没兴趣，但是因为家住得近会常常遇见。那时候很傻很纯情，我酝酿了很久给他写了一封信，大概是告诉他，希望他可以认我做妹妹。那时候我根本不懂该怎样接近男生才好，只会学着别人认哥哥。

然后下一次在家附近吃面的时候，我揣着怦怦狂跳的心，把小纸条递给了他。他居然很不识趣地当场打开阅读，只见他看罢，脸一红，走掉了，面也不吃了。那是我第一次喜欢别人，第一次表白就惨败，但是，我很快发现天并没有因此而塌下来，我还是完好无缺的自己，只不过下一次见到他的时候脚步得再加快一点儿跑开而已。

总有人会认为女生太主动必定是掉价的行为，然而，如果不是我们自身，那又是谁在标价呢？十几年前，那个在面馆当场脚底抹油逃跑的学长在过了几个星期的放学后，突然追上走在他前面的我说："妹妹。"很快他就高中毕业考上大学远走高飞，在他高中最后一个暑假的一个下午，我们约着一起在附近的公园散步。当时天刚刚黑下来，路灯亮起，我不记得我们在聊些什么，不过我还记得自己对他说："其实，你可以牵我的手。"他拉着我的手在公园里绕了3个小时。我们后来也没有成为情侣，我也从来没有觉得自己失去了什么，反而得到了一场难能可贵的心动体验。

但是，追男生就是指要用力去追求他吗？

去年年底我在印度学瑜伽的时候班上有一个捷克男生，他长得高高大大，也有一张好看的脸蛋，更要命的是他浑身上下充满了爆炸性的肌肉，同学里自然有对他爱不释手的女孩。喜欢他的那个女孩娇媚又强势，一开始他们俩如胶似漆，形影不离，最后却无疾而终。他不仅没有对她更感兴趣，反而不知不觉地悄悄从她的身边撤退。其实所有人都知道她很喜欢他，他也知道，但是她喜欢争风吃醋。只要他与其他女孩交谈，她便会垮脸闹脾气，搞得气氛很僵。她每时每刻都追随他，又是送礼物，又是亲昵按摩，又是不时的言语挑逗，让他感到透不过气来。

捷克男孩一开始一定也是喜欢她的，可女孩在主动的过程里忘记了自己，甚至忘记了对方想要的是什么，只是一味地付出，一股脑儿地强势，结果令人大失所望。去追求一个人最好的姿势在我看来还是"引"——引起他的好感，引起他的共鸣，引起他对你的好奇。尔后，他究竟喜不喜欢你，你一定是心里有数的。如果他成功被你吸引，那么下一步该怎么走其实全部在你的掌控下；如果他还是没有动心呢？那就睁大眼睛，看看四周，下一个灵魂伴侣可能就在不远处。

去追求一个自己喜欢的人或者主动认识一个很吸引自己的人，是多么天经地义的事情呀！不论是女孩子还是男孩子，遇见了喜欢的人为什么不去争取一下呢？如果他被我吸引而成全一段爱情故事，那很好，感谢自己很勇敢；而如果他想要的与我并不契合，那也可以甩头离开，就好像是喜欢路上的花儿，凑近闻过一次发现并不适合，也可以潇洒转身离去。

爱情是一件美妙的事情，而且就我们目前生活的体验来看，它还是一件常常会重复发生的事情。木心说："从前，车很慢，路很远，一生只够爱一个人。"这听上去是很浪漫。但是如今车很快，路很近，我们一生大多会经历许多人，这不是悲剧，不是快餐式的爱情，它是一种叫我们更自信、更有趣的体验。正如戏里说的那样，我们这一生会遇到爱并不稀罕，稀罕的是遇到了解。

想追到喜欢的人吗，百发百中的那种？

我从查理·芒格那里学到了一个很重要的思维模式，那便是：遇到问题的时候逆向思考。例如他在大学的演讲上不会谆谆教诲大家应该怎么做才可以过好这一生，而是会和大家讲一讲，该怎么做才可以过成一个失败者。这种反向思考的方法来自伟大的达尔文。达尔文可能是全人类中最有自我认知的一个名人，因为自己的进化论太过激进，这便促成达尔文拼尽一生都在不断推翻自己，他知道自己的理论一旦推出一定会遭到猛烈的攻击，所以，这世上对他最苛刻、最客观评价的人，首先是他自己。

在我们这些凡夫俗子正式追求爱情以前，要不也一起来探讨一下：怎么做才会一定追不到我喜欢的人？首先，对方不知道我存在，还是单机装备，这游戏就没法玩了。接着，一上来就表白，还问别人要不要和我在一起，这会让毫无防备的对方感到尴尬，而一旦他感到了尴尬就没戏了。心理学说："一个人的说话方式是会加固他的思维方式的。"我们可以想象对方第一次一定会拒绝，而他在拒绝的同时也强化说服了自己：既然拒绝过，我肯定不会再喜欢的。这是一场必输的战役。偶尔请吃顿饭还是可以的，也是创造了解对方的机会，但是不停地买礼物，停！这又是一个可能叫对方尴尬的局面。

单靠追求这个动作，其实是得不偿失的。首先看一看追求是一个什么样的概念：对某人动了心，可是对方对自己却毫无兴趣，或者甚至根本不知道自己的存在。这种情况下我们才会想去追求，如果双方都在主动靠近，那游戏便很简单了，也就不存在这样单方面的行动了，所以我们真正的目的其实是在靠近对方的过程里，吸引对方来靠近我们。我们之前讨论过的"追"实际上是"引"，比起常败的以低姿态去追求会更有趣且更有效。那我们究竟该怎么吸引心上人呢？当然没有标准答案，我只是想提出两个胜券在握的信息，如果这两点可以做好，那几乎可以说是没有你追不到的人。

首先弄清楚你是谁，然后确定他是谁。

第一点：你是谁？

第一招：个人品牌。

现在我们无论是在事业、感情还是人际关系里受挫，最主要的原因就在于我们常常忘记自己的名字、外型、性格，还有信奉的价值体系其实都是需要经营的。我们大多数人在面临成长这件事情时，就好像是湍急河流里的浮木，没有丝毫抵抗的余地，随波逐流，直到有一天被水里的岩石堵截下来停滞不前，才突然深感迷茫与不安。但是那些知道自己要流向大海的人，会有坚定的眼神，即使逆流而上，也有一个前行的方向。微信公众号的登录页面有这样一句话："再小的个体，也有自己的品牌。"苹果关乎设计，路易威登关乎自尊心，可口可乐关乎青春活力，耐克关乎你的梦想，即使是拼多多，你也能清楚地说明它的定位不是吗？所以，你关乎什么？

第二招：外貌制胜。

这是一个人人都可以美、可以潮的时代，我们还有什么理由凭着一副邋遢的模样就想吸引人？对于外表如何才是好看的这件事情其实涉及了一些更加有意思的话题，比如对自我的认知，与身体的和解，还有如何拥有强健完善的核心价值观。无论如何，对于普通素人来说，即使是貌美如仙、俊俏如光的你，在外表一项，拥有一份自我的风格，比天生的靓丽要来得更加地巧妙。

世上没有丑陋的五官，但是好看的皮囊也极有可能发出无聊又虚弱的费洛蒙。我在德国的一家初创公司短暂工作过几个月，公司的创始人是几个高大威猛、金发碧眼的德国大男孩。第二轮面试的时候我见到了公司里的运营总监：帕特里克，他的眼睛是那种清澈的浅蓝色，发色深沉，五官比杂志男模还要标致，面试时他少言寡语，不时靠在椅背上，拿着笔做沉思的动作，画面不要太好看。入职之后我和几个同事快速打成一片，我们聊起了帕特里克，可以说没有任何一个人能够忽略他那张好看诱人的脸蛋，然而，经过短短一个月的了解，大家也几乎默认帕特里克先生的性格和气质太减分，导致他的吸引力一落千丈，从此路过他的办公室时，我好像再也看不见那张堪称国际范本的俊俏脸庞了。所以，面对如相貌等不能轻易改变的因素，我们能做的便是，先接受它，然后再在穿衣打扮这件大事上琢磨出一套自己的体系。

第三招：价值取胜。

"五年以后你会过怎样的生活？"

如果你也和"85后"欧美人约过会的话，你会发现，他们中很多人都会问你上面这个问题。这是一个风靡于商业圈的面试环节，他们最想听到的是，你是否知道自己想要什么。"五年以后你会成为什么样的人？"我第一次听到这个问题的时候是二十一岁，是一个只懂得"活在当下，顺其自然"的傲娇狂，当然是不懂得规划人生的力量的。既然是在约会场合，那也可以不那么正襟危坐地去思考、去回答，我随口说出一句："我应该会在世界各地旅行，是一个自由的人吧！"没想到七八年过去了，那时候我没太经过大脑思考的东西竟然成了现实，它成为了我的生活方式。当时的自己不懂的是，即使我没有去思考过该如何实现这件事情，可我其实已经给自己允诺了一份价值观，因此后来的人生里，当我的朋友想起Allison这个人的时候，他们会用两个字来形容我：自由。

你的形容词是什么呢？或者，你想要的形容词是什么呢？给自己一个形容词并不代表给自己加一个无法取下的标签。成长真正的意义在于改变，一旦我们全心全意地接受了自己，就有可能面对未来的成长与进步。

在感情的世界里，一旦我们的价值体系相辅相成，相互照应，那么将他吸引到自己的身边来是迟早的事。实际上这个问题的真谛是：我是否知道自己是谁？我是否拥有自己的人生价值体系？我想要过上一种什么样的生活？而这种生活是我自己思考得来还是社会告诉我的？所以，问问自己：我是否有一个坚定不移的价值体系？

实话说第一点如果已经做好了，就会有源源不断的人会被吸引过来，这个时候我们也更能够判断究竟可以向谁试探了。想要顺利追到自己喜欢的人，那还得先清楚一下对方——他是谁？我们在玩一个游戏的时候总要熟悉一下游戏规则，不然凭运气赢得的奖品，一般不会轻易出现第二次。

我想说，爱情其实不是偶然发生的，你信不信？

我在上海最喜欢的时光大都是和男闺蜜一起度过的，我们总是在参加完各种轰趴派对后，半夜三更跑到我家门前的便利店吃一份关东煮。我脱掉十厘米的高跟鞋，检查一下眼角的妆容是否花掉了，再和他一起坐到窗前的高脚凳上，在城市深夜白炽灯的照耀下，前仰后合地聊人生。那会他喜欢上了一个姑娘，苦于没有什么约会的好点子，我突然异想天开地对他说："这样，你约那个女生去吃饭，说是要盛装出席的那种高级餐厅。最后带她来便利店吃泡面。"他双眸一亮，为我这个调皮的建议赞不绝口。接着又立刻眉头紧锁："这个方法冒险性很高耶！她要么觉得很有趣，那我倒是知道我们价值观很相配，要么她会觉得受到侮辱，再也不理我了。"其实他在那个时候已经升职到公司总经理的职位，但却是个实打实的极简主义奉行者，而且苦于寻觅一个心灵与之契合的女生许久。我就毫不留情地戳穿他："那就看你是想找人生伴侣还是想找一夜伴侣啦。"这件事情被停滞了三四年，直到去年秋天我们视频聊天的时候，他说他终于用上了我的鬼点子，而且，他订婚了。

其实这招如果拿去用在一个"太严肃或不解风情"的女孩身上，那结局一定惨不忍睹，她可能甚至都看不到整件事情的荒诞与幽默。不过，我的好朋友之所以用这个方法找到了他的另一半，道理很简单，因为这个女孩和他共享同样的价值观、世界观、人生观，这是一种多么强有力的联结，是一种可以共度一生的纽带。这也说明了一个很关键的迷思：主动常常失败？可能是你根本没追对人。

因此，第二点是，好好打量：他是谁？

第一招，建立联系。

玩游戏以前，我们总得让玩家也知道我们上线了。我们首先可能需要知道：在与对方相识这件事情上的主动并不会给我们造成什么样的劣势，感情世界真的不是"谁主动，谁就输了"，事实恰恰相反。但是，有一个关键的点在于：在主动靠近的时候，或者无论是通过什么方式去获得对方的联系方式时，千万不要告白。

不要一上来就和对方表明心意，换个角度，一个对于你来说从未在脑海里划过深刻痕迹的人，突然和你表白，你虽然是开心的，但是还是会觉得尴尬吧！所以，首先端正姿态，我要你的联系方式不是因为我爱你，不过是因为我觉得你还不错，仅此而已。这样对方也不会感到太有负担，而自己也不会因为陷入了"我先主动"的自卑怪圈，而难以排解。

第二招，试着寻找共同兴趣。

其实说了这么多，共同点才是我们的目标，心理学家已经无数次证明人们其实最喜欢的还是与自己相似的东西，那是一种自然而然生出的好感。相似的价值观至少可以保证两人之间的交流畅通无阻，尤其是在恋爱的中后期，你会逐渐发现价值观恐怕才是那个决定情感故事走向的奠基石。

在相识以后，可以和对方聊一些比较深刻的大话题，比如与父母的关系、自己的梦想，还有与世界的关系，向对方敞开心扉，是产生好感的催化剂。如果实在不知道可以聊些什么话题，可以参照亚瑟·阿伦在2015年《纽约时报》发表的那篇《会令你爱上任何人的36个问题》。

当然，不是所有人都那么容易走近的，因此，你可以在初步阶段去挖掘一些他的喜好，并且对他的喜好也产生明显的兴趣，可能是一本书、一部电影、一个人物、一个旅行目的地。如果你们的喜好刚好重合，那你已经赢了50%，如果不重合，你还得到了获得新知与向他请教的机会，这样便会自然而然地建立起了解他的途径。

那你要是说，假如问了半天发现对方根本没什么爱好，除了睡觉、吃饭，好像对什么都没有热情怎么办？这种情况我觉得你可以做出两个选择。要么开始引导他，把自己通过构建个人品牌所创造出来的乐趣分享给他，要么就别追了吧，这样对生活没有什么热情，没有生命力的人，即使最后在一起，也挺没劲的。

第三招：逗他笑。

我以前是那种特别忧郁而且还致郁型的人格，乐观的悲观主义者，常常聊天就聊到世界的尽头，进入虚无人生的空虚境界。如果此时我心里泛滥着对对方的涟漪，而对方却看似无动于衷，我可能还会滋生出一种对自己的怜悯与对对方的指责："凭什么他不喜欢我？"一旦这种心理出现，我可能就没有办法用平常心去与其相处。最后对方会发现，每次我们在一起的时候都会陷入一种烦恼的困境，而且他也会反思：为什么我们在一起的时间总是那么不快乐？一定是因为我们不合适，然后撒手离去。所以后来，我发现能给对方带来最有利的情绪便是快乐，不管是给他分享的一些短片，还是段子，能够让他开怀大笑总是会让他一想起你就很开心。

第四招：忽明忽暗，若即若离。

英国作家切斯特顿曾一语中的地解释了人类需求的要素："不管是什么东西，只要你知道会失去它，自然就会爱上它。"在这一系列的吸引过程中，我们必须再一次营造出一种我和你在一起很快乐，但是我和其他人在一起或者做其他事的时候也很快乐的感觉，所以在你们下一次见面或者单独约会以前，可以人为地制造一些障碍。这已经算不上什么约会的秘法了，但是我们也不是在玩欲擒故纵的游戏，我其实更希望那些制造出来的障碍，例如和朋友间的聚餐、野外的徒步、瑜伽课，还有晚间的阅读，这些活动是真实能给你带来乐趣的，所以并非他一出现，就要将它们一并舍弃的。如果是强忍着的欲擒故纵，那对于自己来说是困难的，并非长久之计。

最后：水到渠成，推波助澜。

如果你已经做到这里，那这件事情基本上就算完成了，接下来他有没有喜欢上你，其实已经很清楚了。如果对方渐行渐远，那也没有关系，我相信经过以上的历练，你很清楚接下来还有更多有趣的人会出现在生命里，所以，不急不慢，继续野蛮地成长下去吧。

即使失去，即使失败，也不是世界的终结，爱情最多是给我们生活增添魔力的兴奋剂，它的效应会散去，它也会不断发生，我们除了缅怀，还可以用力去享受它。

写了半天爱情，还是在聊成长。

健康持久

那天大概是我们回国办完婚礼一个月以后，天空很干净，老公说："我们出去走走吧！"来到家附近山丘上的森林里，他拉着我的手，我絮絮叨叨，在感叹怎么两个分别来自各自国家小城市的小人物，最终可以走到一起成为对方的伴侣，很神奇。他则有一点儿沉默，是与平日不太一样的沉默，我问他："你还好吗？"

他捏了捏我的手说："Allison，你知道我很爱你，我真的非常珍视我们的关系，尤其是我们与对方总是能坦白地分享各自的一切想法。"我记得当时自己的心立马漏了一拍，在一起这么些年来，他从来没有像现在这样不看着我说这么重要的话。

他停顿了一下，说："我觉得非常迷茫。我知道我很爱你，也非常想要与你一起生活，但是我们结婚这件事情我突然觉得它不是来自我内心的决定，所以我最近滋生了一些抗拒的心理。我想我可能需要搬出去住上一阵子，你能懂我吗？"

我说我懂。

第二天是星期日，醒来以后又一次回到这个话题上来，两个人渐渐情绪失控，抱在一起哭了一个上午。

这是我们在一起这些年以来，他第一次让我失望。

我在一本心理学书中读到，任何一段亲密关系的发展其实都和孩童成长的过程是一样的。我们最初都嘶吼着"抱紧自己"，希望爸爸妈妈抱紧自己，希望爱上的那个人可以抱紧自己，是渴望"我们"的时期；接着，又迫不及待挣扎着喊叫"放我下来"，想要脱离爸爸妈妈的怀抱，想要从爱着的人那里得到自我的空间，恢复至"我"的状态。这被称为关系发展中的分化阶段，是不可避免的。

二十六岁搬到德国以后，我又一次展开了找朋友的旅途，在建立友情的时候发现了一个很有趣的现象，如果我新交的女生朋友刚刚确立恋爱关系，大概从一个月至一两年，那一般在周末我是约不到她们的，因为她们和男朋友总会有安排；而如果她已经拥有了非常稳定的关系，例如交往三年以上或结婚两年以上，那我们在周末一起参加活动或是小酌一杯的可能性将大大增加。

这不正是"抱紧我"与"放我下来"的最现实的写照吗？心理学家还发现，每一段感情，与父母、朋友、恋人都是从"抱紧我"到"放我下来"的螺旋式上升的，每一次的"放我下来"时期都预示着亲密关系瓦解的可能，如果处理不当，那便是感情的终点；如果处理得当，那这段分化时期将为两人的关系提供更牢固的根基，又一次呈螺旋上升式结构进行。下一次当感情再出现危机的时候我便懂得分辨这"放我下来"的前奏，并且将它看成是巩固良好关系的好机会。

恋爱也是需要努力的，爱情里的甜美谁都知道如何享受，困难出现才是感情真正的试金石，所以下面的这些方法是支持我们遭遇每一次情感裂痕时临危不乱的锦囊妙计。

《沟通的艺术》这本书介绍了面临分化阶段可以应用的几种方法，我发现我们两个在这次痛苦的自我认知时期，好像碰巧做对了每一个步骤。

让对方知道他对你的重要性，是修复关系最重要的前提。如果彼此知道无论现在发生了什么事情，他还是很关心我，很重视我，那接下来的一切努力都是值得的，如果可能的话尽可能地表达出这一点。在我们的这次危机里，我是被推开的那一方，他则是想要被"放下来"的个体，在这一背景下，看起来他其实是占有主导地位的，什么意思呢？可能我更需要从他那里获得一些信心，我需要他主动告诉我即使他更希望获得自己的空间，他仍然非常在乎我。

然而在事后他也有向我坦白虽然表面上看起来他好像更占上风，但实际上我多次告诉他我很在乎他，因此感觉很受伤，这些话让他增强了想要努力的信心。有一次遇到非常崩溃的情况，他认真坐下来，叫我看着他，诚恳地说："请你相信我，我们会渡过这次难关的，好吗？我向你保证，我们会一起解决这次危机的。"这不仅是一剂高效的强心剂，也给我一种我们好似在与一个共同的"敌人"在斗争的感觉，这"敌人"不是对方，而是一个阶段。

借着我们此前所探讨过的自我成长的每一步，为自己打造正向思维，保持关系气氛的乐观，如果可以，尽量避免批评。

那段时间我在练习瑜伽的时候学会了掌控自己的情绪，应该是因为这些，使我在大多数情况下始终保持着非常积极的态度。例如，我会用肯定的语言来形容他的行为："你今天烧的意面特别好吃！""你心情好像很好，我很开心。"或者用肯定的沟通来形容当下的情况。如果他关心我，我不会说"不用担心"，因为"担心"这两个字本身是负面的，它会下意识地引发一些负面的思考，这种时候我一般会说"一切都很好啊"！当然，如果每说出的一个词语都需要衡量其正面的价值，那还不如不要相处了，所以这一类的积极阐述方法适可而止是最好的。

一段关系里最重要的恐怕便是开放的沟通。什么叫开放的沟通呢？对于我个人来说，是要改正自己总是想要打岔、澄清、提问等不良习惯，当对方有话要说的时候，作为伴侣最好的参与方式是：让他把话说完。不仅仅是坐下来聊天就叫沟通，要真正达到有效的沟通是需要一定的自我控制的。先要敢于表达自己真实的想法，这一点即使在感情良好的"抱紧我"时期也能起到积极作用。

此外，还要袒露自己的需要，如果我们能够明晰地表达自己所需，那才是为这段感情提供了一个积极的解决目标。

一段高质量并持久的亲密关系更是一种伙伴关系，分工合作显得尤为重要，彼此携手共进，度过生命中的起伏，哪怕是两个人的感情危机，也是一段双方共同体验成长的不可替代的宝贵经历。你要让对方知道他不是一个人在战斗，你愿意，也正在他身旁共同进退。

怎么才可以做到呢？那时我刚好开始挑战早起，从八点起床逐渐提前到六点以前，晨间的这段时间变成了我一天中最期待的时光，我也特地留下二十来分钟用来书写记录。在整理思绪的时候，我写下"想要拥有健康积极的关系"作为爱情部分的目标，突然醍醐灌顶，如果我们想要一段幸福的感情或是婚姻，却总感觉深陷泥潭之中，那是因为我们将幸福的权利交给了对方呀！他没有为我做这件事情，他没有对我说那样浪漫的话语，我就是要生闷气！这真的很傻。

"如果你想要一段健康有爱的关系，请不要再思考他应该是一个什么样的人，而想想看你自己可以成为一个什么样的伴侣。"

我在本子上写下这句话以后，好像第一次睁开眼一样，捕捉到了幸福的秘密，那便是——先学会爱自己，并创造一个自己想要成为的样子。如果你是温柔贤惠的伴侣，那请忠于自己按其行事；如果你是坚强豪杰的人物，那请在面临感情的小事时，大义凛然。这个方法做起来比看起来更简单，因为它允许你去创造自己，而非仅仅是遇见更好的自己，原来爱情的秘密，还是要回归我们与自己的关系。

我们无法控制爱情的无常，即使是最亲近的伴侣我们也无法命令他爱我们一世，但是我们绝对有能力掌握自己在这段关系里的行为与身份，只要你肯相信自己对其是有掌控力的。

如果你正爱着一个人，我想送给你这首诗：

《先知》（节选）

纪伯伦

你们要爱彼此，但是不要让爱成为束缚；

彼此递送面包，但不要共食同一块；

一同歌唱舞蹈、愉快欢喜，但是依然保存不同的自我；

如同琵琶的琴弦，纵然在同一首乐曲下颤动，还是各自独立。

灵魂伴侣

我嫁给了爱情，但不是因为这样，我才幸福。是在快要三十岁的时候，我才猛然发现自己前半生的时间几乎全部用来追逐爱情了。从十五岁时第一次懂得想念一个人的滋味起，我几乎完全是通过体验爱情来体验生活的。

几年前我订婚的那一周收到了许多的祝福，没有料到的是也接到了前男友打来的电话。他那晚在阿姆斯特丹参加above & beyond的电子音乐节，我听见人群喧嚣中他扯着嗓子大声喊叫："恭喜，我为你开心。"挂掉电话以后，他发来一条短信："请告诉我，人们在世界上不止拥有一个灵魂伴侣。"我还没明白过来，他又传来了第二条短信："今天你结婚，我就失去了自己的灵魂伴侣。"

那时我们分手已经快三年了。我与前男友是在二十岁出头时在一起的，毫不夸张地说这段感情塑造了我们两个人各自接下来80%的人生态度。他爱我时，我在云端欢声笑语；他伤害我时，我瞬间坠地粉身碎骨。二十三岁时，我还以为自己会嫁给他，和他打闹一辈子，赌气、摔杯子、然后抱在一起哭，那时的我们都是第一次认真地谈恋爱，但是说真的，我们根本不会恋爱。他打电话祝福我的那晚，最后一条短信大致是说："谢谢你教会我将来如何去爱。"

我们都想要和对的人在一起，如果这一切还能看上去是命中注定，那便更加梦幻，更加美好。自由恋爱的我们，遇到了很大的问题：既不相信柏拉图作品里提及的灵魂伴侣，却又无法摆脱对他的渴望。

"每个人都渴望自己的另一半，所以他们会互相搂抱，互相交织，想要一起成长。"这个观念，加上好莱坞影视的主旋律渲染，让我在年少时误解了爱情的本义，我忘了自己作为一个完整的人的存在，转而死命去试图寻找到一个可以补足自我缺失的存在。电影里不都是这样吗？王子与公主排除万难只为了在一起；充满了偏见的伊丽莎白与傲慢的达西先生打破误解终成眷属后，故事就结束了。可能从小看童话，青少年时期又看了太多烂片，总之，一开始我对爱情的期望是有误解的。我总以为遇见了那个对的人，事情就会有好转，生活就会遍布阳光。我忘了起风的时候，雨水落在脸颊上的时候，我也是笑着的。

那时，我是这么回前男友短信的："我向你保证，我们在这个世界上不止拥有一个灵魂伴侣。"因为我遇见了现在的伴侣，我的先生。

灵魂伴侣的定义是这样的：与之相处有深深的或是天然的亲和感的人。这样的人，在我微不足道的生活里，重复遇见了太多太多次，他们有男有女，可老可少，有富贵有贫穷，而且大多是我婚后相识的。维基百科还有这样一句补充："（灵魂伴侣）可以是两者之间的相像、爱、浪漫、友情、亲密、灵性或配合度与信任。"所以灵魂伴侣终究不只是为了爱情而存在的。

后来我看过的故事不再是"从此以后过着幸福、快乐的生活"。后来我走过的爱情，也亲自跨越了甜蜜期。

我告别了第一任灵魂伴侣以后，嫁给了下一任灵魂伴侣。我甚至不否定这世界上还有比我先生更适合我的人，于他也是一样。电视剧《老爸老妈罗曼史》花了九年来讲述"主角泰德是如何认识他的妻子的"。老爸泰德最后遇见真爱老妈崔西的时候，早已千疮百孔，满目疮痍，但也正是因为他经历过了伤痛，才能在人群中看见她的光亮，准确找到那个对的人。而且我们知道，即使是在遇见了那个他寻找了一生的女人以后，他的生活并没有因此进入一种留存永世的平和与幸福。我在遇见真爱的两年以后陷入人生凛冬，对生活感到绝望，也终于发现，爱情并不是让我幸福的先决条件。我看见自己在瑜伽里不断尝试、不断进步的时候，就像他第一次说爱我时那样满面春风；我听见自己在敲键盘练习写作的时候，就像他亲吻我眼睛时那样喜上眉梢；我发现自己终于能百分百地投入到没有他的美景里时，就像在品尝他为我烧的饭菜那样回味无穷。

我终于享受亲密，也在独立里尽兴。

萨古鲁曾这样说："人际关系的形成是基于多种需求，生理、心理、情感、社会、经济等。当我带着这些需求找到你，我就像一个乞丐一样。乞丐没有选择，有什么就得吃什么。"我曾像个乞丐一样，在伴侣的身上乞求幸福。现在终于明白，伴侣间最先应该富足起来的始终是我们自己。

年轻的时候对爱情最大的迷思是：两个人如果是真爱，那这段感情就一定不会有瑕疵，一切会如天造地设般；如果我们产生了矛盾，他触碰了我的底线，那我便会原地爆炸对他失望，对我们的关系感到怀疑，然后宣布分手。那时我不懂，这世界上和自己合适的人不止他一个，他不应当承担一切童话的幻象，做到既是仗剑天涯的大英雄，又是温柔顾家的好伴侣，还是无拘无束的大孩子。

我们与自己的灵魂伴侣是有匹配比例的，如果相配的指数高一些，那么需要努力的部分或许就会少一些，只是看起来不那么费力而已。生命原本就是流动的这一事实，也会让匹配比例产生相应的波动，你我都会发生改变。

爱情发生的时候真的就好像魔法一样，让人心神不宁，头晕目眩，肚子里住满了会同时挥翼的花蝴蝶。不过那只是吸引力，待我们爬过热恋的峰值时，一段感情才真正开始，而这感情是需要努力的。嫁给了真爱，我当然幸福，但是，我也在其中痛苦。

　　表妹十八岁的时候，我祝她生日快乐，也祝她去勇敢心碎，更重要的是，从破碎中一步步重建与自己的关系。我们寻找的爱情，搜寻的幸福，还是把握在自己手上更为牢固些。蒋勋老师说："生命里第一个爱恋的对象应该是自己，写诗给自己，与自己对话，在一个空间里安静下来，聆听自己的心跳与呼吸，我相信，这个生命走出去时不会慌张。"

　　当我不再将幸福来源拱手让给一个他，爱情就突然没了苦闷，只剩简单的甜蜜。

如何练习失去

我在布达佩斯小住的两个月，肆意地和一群新朋友在城市的街角狂欢，也在午后静谧的林间，仰卧在草地上，只是看着天空中飘过的云，静静发呆。现在回想起来好不快活，但是我心里是明晰的，当时我正处在怅然若失的抑郁阶段。

事情是这样的，我无法从此前在印度学习瑜伽的那段体验中抽离出来，从某种程度上来说，因它的戛然而止，我在毫不知情的情况下被卷入了强烈的阵痛中。说来有些可笑，但那就是我的真实体验，原本无所渴求地前往印度，没想到在回望时充满了不舍，离开以后的我变得不堪一击，切身感到时空的流逝，有一种回忆会从体内切割开你身体的剧烈绞痛感。

马尔克斯说："怀旧总会无视苦难，放大幸福，谁也免不了受它的侵袭。"谁还没怀念过高考时与同学共同奋战的日子呢？这在心理学里被称为峰终效应（Peak-End-Rule）。著名心理学家丹尼尔·卡尼曼经过深入研究，发现人们对一段体验的记忆主要是由两个因素决定的：高峰时与结束时的感觉。也就是说，我们总会情不自禁过滤掉一段回忆里真实发生的漫长且无趣的记忆，给高潮迭起的巅峰体验刷上滤镜，嘴里还留着终点时的余味。"高峰之后，终点出现得越迅速，这件事留给我们的印象就越深刻。"这就是我们生活里的回忆圈套，不可否认的是它看起来很美，只是当我们想再一次伸手抓住一点儿的时候，才发现成年人的生活早已"百忧感其心，万事劳其形"。

　　没错，这些年来，我过上了自己梦寐以求的生活，在全世界一边旅行，一边工作，不用追赶些什么，不用打卡景点，也不用陷入长时间旅行的无聊空虚，脱离自己作为人类面对困难的原始本性。可是，我仍然经历了悲伤、苦痛、崩溃与绝望。我练习瑜伽，在柔韧里获得力量；我也在静坐中获得澄明的心境；我还练习写作，企图赋予文字微小的光芒。我做了许多练习，试图养成一些好习惯，然而，我竟忘了生命里最为重要的一个技能：练习失去。

　　上次我先生出差是周一，我记得自己坐在书桌前，手拿着笔不知写一些什么才好，那一瞬之间，我仿佛回到了十几岁时的周末，突然想起将要上晚自习的难耐，想起了关起门在房间里写作业的自己，还想起当时希望妈妈在家陪伴的心情，年少的我百无聊赖，坐在原地用手指不熟练地转着笔，幻想未来。那时的自己是不会想到十多年后，我会在离家近一万千米的远方，想起这个平凡的下午。这不是什么多么惊天动地的大事，可偏偏这样在日常生活里逝去的片段，让我更加确定自己失去了什么。

刚刚满三十岁的我，也算是经历了幼年的童真、青春的懵懂和如今成年的初探，第一次恍然大悟原来爸爸、妈妈也是平凡人而不是超级英雄。年幼第一次看见妈妈委屈哭泣时，我哭得比她还要大声，难道我的妈妈、爸爸也和我一样是脆弱的个体吗？妈妈常常开玩笑说我小时候特别可爱，好想把我塞回到她的肚子里再陪我长大一遍啊！

现在有机会我还是喜欢拉着妈妈的手，但是心里明白，那些藏着自己考试成绩的日子已经一去不复返了。自从爸爸忍着脚背的疼痛，驱车700多千米送我到四川念大学的那个秋天起，我与他们俩人十七年的共享生活就此迈向了下一个章节。十七岁时离开家的我，是想象不出妈妈推开我的房门却发现里面竟然一尘不染，床脚没了该换洗的衣服，书桌上没有没写完的作业，那会是一种什么样的心情。

后来，我又遗失掉了一些珍贵的友情，丢掉一个个来了又走的恋人。

我从十三岁那年开始写日记，如今也有十几本沉甸甸的记忆了。今年夏天偶然打开二十二岁那年的日记，就好像读一本蹩脚的小说一样，亲眼看着自己一段不成熟的恋情完结。我看见自己在纸张上留下的痛，竟也没完没了地哭了起来。是啊！我们在长大，我们获得了更多的经历，也不知不觉累积了不计其数的失去。倒不是叫人嚎啕大哭的痛心，反而是一种在时间里弄丢了一些东西，无处可寻的黯然。我不知道丢了什么，但是我非常清楚，它们再也找不回来了。

于我来说，练习失去的第一步，甚至于过上满意的一生的第一步，就是要记得死亡终将来临。读到古希腊斯多葛学派的哲学时，我偶然遇到了一个来自两千多年前接近我问题答案的建议。我想把爱比克泰德的原文做一下自己的阐述：把今天当作是你爱人的最后一天，或许你就无法对他发一场无谓的脾气了。

乔布斯在哈佛演讲里说："随时谨记你终将一死，是我所知避免让自己陷入害怕失去的想法中最好的方法。生不带来，死不带去。"我现在也常常对我先生开玩笑："想象一下明天我就死掉了，你今天会如何爱我呢？"无论是朋友、家人还是爱人，想象对方明天就会死掉，听起来是真的非常缺德，可恰恰是当我们抱着死亡观念时，你才会发现与人相处以及面对当下的态度，才更有生命的活力。

哈佛大学心理学教授丹尼尔·吉尔伯特有一本意味深长的书《哈佛幸福课》。他喜欢在宾客盈门的晚会上问在场来宾一些非常不讨喜的问题，比如打过招呼之后，如果发现对方有一个四岁的儿子，那么他可能会问："如果你儿子明天就不幸身亡了，你觉得你的生活会怎样？"我想，他应该不太受欢迎吧（他其实非常幽默）！有趣的是，在他的深入追踪研究里，他发现，人们在自己对未来苦痛的想象里最难受，而当不幸真的发生时，我们比想象中更能应付。人们对一种经验、一件东西、一个人会给自己带来的快乐预判与实际情况往往截然不同。

当我们在为曾经失去的东西、岁月而难过时，我们忘了听到一首好歌也会让人心情愉悦，春意仍然会盎然，而舔一口冰淇淋还是夏天最美的滋味。那失去的痛，更多是不准确的臆想。我失去第一个"他"时感到世界末日的来临，甚至呼吸困难，寸心如割，后来呢？我写了一篇文章，叫《我向你保证，我们不止拥有一个灵魂伴侣》。

"人的一生中，最光辉的一天并非是功成名就那天，而是从悲叹与绝望中产生对人生的挑战，以勇敢迈向意志那天。"（福楼拜）我们的失去都应该被郑重地记住。千万不要陷入随波逐流的人生，无论是以何种形式，照片、文字、音乐、气息，我们都应该勤勤恳恳地为失去做上记号，这样在回味之时，也才赢得了理直气壮的悲伤。我们可以学着仔细地冷静地回想过往，给自己分配一些沉浸在回忆里的时间，只是不要忘了设上一个期限。

我们需要失望，需要苦痛，需要崩溃，也需要绝望。叔本华说："为克服困难阻碍而努力和奋斗是人的一种本能需要。"或许，排除困难，逆流而上，练习失去，才是幸福人生真正的来源。

三个月前，我坐在从法国回德国的大巴车上，靠着窗突然明白过来一件事情：长大，就是学着看冰融成水。